无锡市乡村建设美学导则

美学

清 华 大 学
《无锡市乡村建设美学导则》课题组
无锡市农业农村局
杨冬江 张熙 石硕 著

中国建筑工业出版社

**图书在版编目（CIP）数据**

无锡市乡村建设美学导则 / 清华大学等著. -- 北京：
中国建筑工业出版社，2022.10

ISBN 978-7-112-28000-1

Ⅰ．①无… Ⅱ．①清… Ⅲ．①乡村规划－研究－无锡
Ⅳ．①TU982.295.33

中国版本图书馆CIP数据核字(2022)第178976号


责任编辑：唐旭　吴绫
文字编辑：孙硕　李东禧
装帧设计：王鹏
插　　图：刘清舟　王杰　何明一　汤畅
责任校对：王烨


**无锡市乡村建设美学导则**
清华大学
《无锡市乡村建设美学导则》课题组
无锡市农业农村局
杨冬江　张熙　石硕　著

\*
中国建筑工业出版社出版、发行（北京海淀三里河路9号）
各地新华书店、建筑书店经销
北京星空浩瀚文化传播有限公司制版
天津图文方嘉印刷有限公司印刷
\*
开本：787毫米×1092毫米　1/16　印张：7½　字数：104千字
2022年10月第一版　2022年10月第一次印刷
定价：89.00元
ISBN 978-7-112-28000-1
　　　　（40067）

《无锡市乡村建设美学导则》

顾问：

　　过　勇　　朱爱勋　　马　良

编委会主任：

　　吴立刚　　杨冬江

编委会成员：

　　王　盛　　张晓庆　　鲁晓军　　丁晓芸
　　缪明刚　　张　熙　　石　硕　　刘北光
　　董书兵　　王　鹏　　管沄嘉　　师丹青
　　周佳伦　　刘润福

编写组成员：

　　杨冬江　　张　熙　　石　硕　　何明一
　　刘清舟　　晏以晴　　王　北　　汤畅

此心安处是『吴』乡

锡

# 目录

# 引言

## 从"乡村美化"到"乡村美学"

民族要复兴，乡村必振兴。十九大以来，党和国家提出优先发展农业农村，全面推进乡村振兴的重要战略部署，把解决好"三农"问题作为全党工作的重中之重，作为实现中华民族伟大复兴的一项重大任务。习近平总书记以"三个必须"擘画出乡村振兴的建设目标：中国要强，农业必须强；中国要美，农村必须美；中国要富，农民必须富，"强、美、富"的美好乡村画卷徐徐展开。2021年4月，习近平总书记在考察清华大学美术学院时强调了艺术对促进社会繁荣，解放生产力，引领人民审美趣味和价值观的重要作用：要发挥美术在服务经济社会发展中的重要作用，把更多美术元素、艺术元素应用到城乡规划建设中，增强城乡审美韵味、文化品位，把美术成果更好地服务于人民群众的高品质生活需求。

无锡市深入贯彻习近平总书记关于"三农"工作的重要论述、对美好乡村的擘画以及新时代艺术服务经济社会发展、服务人民群众高品质生活的重要思想，根据国家和江苏省"十四五"农业农村现代化规划，中共中央办公厅、国务院办公厅印发的《乡村建设行动实施方案》，联合清华大学编制《无锡市乡村建设美学导则》。

本导则以"美学"作为无锡乡村振兴工作的切入点，立足无锡乡村自然禀赋、产业基础、区位优势，挖掘其地域特色、历史底蕴、文化特点，从美学角度对无锡乡村自然生态保护、人居环境提升、基础设施完善、特色产业发展、乡风文明建设等方面提供指导，保证乡村建设符合美学规律、凸显地域特色，提升无锡乡村的知名度、美誉度，推动乡村与旅游、教育、文化、体育、康养、休闲、文创等产业的深度融合与良性互动，统筹整合乡村各项资源，激发乡村内生动力，推动无锡美丽乡村建设向纵深化、系统化的方向发展。

# 一
## "乡村美学"与"乡村美化"的区别

"乡村美学"是"乡村美化"的上位概念。"美学"是对审美这种特殊的人类感性活动的研究,因此"乡村美学"应包括围绕乡村发生的一切审美活动。而"美化"是根据艺术规律对环境、景观的表现形式进行优化,属于艺术活动的范畴。"乡村美化"是"乡村美学"的重要组成部分,而"乡村美学"将乡村建设从单纯的表现形式问题,提升为对人的审美感受、对建设过程中各要素之间关系的综合处理。

美是客观世界在人心灵上的映射,是情与景的融合,是主客观的统一。正如唐代思想家柳宗元所说"美不自美,因人而彰"。美的彰显离不开能够激发人情感共鸣的审美对象,更离不开欣赏者的主观感受。审美活动在审美主体、审美客体和主客体之间的关系中发生,这三个要素在本导则中表现为三方面核心内容:

1. 梳理无锡乡村中的审美客体,包括自然环境、村庄聚落、特色产业、历史文化等各类物质和非物质对象。引导各村结合自身情况发掘优势资源,避免出现"生搬硬套""千村一面"的情况。

2. 强调无锡乡村中审美主体的感受。分析当地居民及外来游客的审美动机、审美感受等心理要素,重视村民的精神文化需求,提升外来游客在"食、住、行、游、购、娱"等各方面的审美体验。

3. 协调处理主客体之间的关系。美感来自于情与景的契合,这种"契合"并不需要大拆大建的"蛮力",而需要恰到好处的"巧劲"。导则从材料、形式、意蕴等层面分析无锡乡村特色,指导乡村建设既符合客观发展规律,又能激发和满足人的主观审美期待,避免出现过度开发、刻意逢迎等问题。

## 二
### 乡村美学是乡村的核心吸引力

提升乡村吸引力是凝聚优秀人才、整合优势资源的重要方式，而乡村美学是乡村吸引力的本源。

乡村在漫长的历史演变中形成了具有普遍性的、人们共同接受的"心理图像"，这种将人的主观感受投射到客观事物之上产生的乡村形象在审美活动中即为"乡村意象"。"乡村意象"呈现出乡村性和地域性两大特征："乡村性"是指与快节奏、高压力的城市相反，乡村应具备自然、闲适、质朴、乡土、农耕等基本特征；"地域性"是指人们对不同地区的乡村有着截然不同的审美想象，比如提到西南乡村想到村寨梯田，提到江南乡村则想到小桥流水。对"乡村意象"的准确把握和鲜明呈现，能够提升乡村的可识别性，形成乡村独特的吸引力。

对无锡乡村美学意象的梳理是本导则的一项重要内容。导则将"吴韵气质""江南人家""田园乡村""鱼米之乡"等无锡乡村独特的美学意象具体细化为由若干景观元素构成的意境图式，从自然生态、乡村聚落、人文历史、经济生产等方面为乡村建设提供美学风貌的指导。在具体呈现方式上，导则结合美学理论和实际需求，明确乡村建设过程中应遵循的基本美学原则和具体美学细则，保证无锡乡村之美是有地域特色的，是能被感知的，是符合审美期待的。

## 三
### 乡村美学是美丽乡村建设的新阶段

乡村美学的提出意味着乡村建设工作重点的变化。"乡村美化"一般将工作重心集中在对事物外在形式的优化上，而"乡村美学"凸显人的审美感受，关注人对环境的感知，真正做到"以人为本"，让乡村成为塑造美好心灵、涵养现代文明的重要源泉。

乡村美学的提出意味着对乡村功能和价值的系统挖掘。在美观的视觉形式之外，生活习惯、节日时令等传统民俗，长幼有序、守望相助、邻里和睦等乡风文明也是乡村美学的重要组成部分。这些"无实体"的审美对象是农村群众获得幸福感的重要因素，也是乡村特色的重要组成部分。

乡村美学的提出意味着乡村建设真正迈入生产、生活、生态协调发展的进程。"美化"归根到底强调人的行为、凸显建设过程中人的主动性，"总想做点什么"的行为惯性使乡村建设不可避免地走向"大拆大建""涂脂抹粉"的极端。而"美学"从自然、乡村、人之间的关系统筹考虑"有为"与"无为"，真正实现保护、修复与治理的良性互动。

近年来，无锡在农村产业发展、环境整治、乡风文明、农民增收等方面均取得了显著成就，为农业农村现代化建设的新征程奠定了物质基础、提供了现实条件、凝聚了行动力量。在此基础上，《无锡市乡村建设美学导则》是无锡市农业农村局与清华大学美术学院合作展开的一项创新性、实验性工作，是无锡乡村建设取得一定成效后的深化改革和探索。本导则希望基于无锡乡村的沃土真正建立一套乡村美学生态系统，让乡村向"美"而行，因"美"而兴，用"美"的力量助力乡村建设进入高质量、高标准、高效率发展的新阶段。

第一章 · 总则

导则基于无锡乡村的自然生态、经济产业、社会文化等特色资源，提取无锡乡村美学意象，明确无锡乡村建设过程中应遵守的美学原则，以塑造无锡乡村美学生态为目标，将无锡乡村建设成富有江南特色、承载田园乡愁、体现现代文明的美丽田园、生态家园、幸福乐园。

## 1.1 导则目的

本导则是无锡市乡村建设的美学指南。导则基于无锡乡村的自然生态、经济产业、社会文化等特色资源，提取无锡乡村美学意象，明确无锡乡村建设过程中应遵守的美学原则，以塑造无锡乡村美学生态为目标，将无锡乡村建设成富有江南特色、承载田园乡愁、体现现代文明的美丽田园、生态家园、幸福乐园。

导则以美学为准绳，纵深推进无锡农村人居环境治理，提升美丽宜居乡村建设水平；以美学为抓手，促进乡村建设与旅游、教育、文化、体育、康养、休闲、文创等产业深度融合，吸引工商资本、技术、人才向农村流动，服务农民就业创业；以美学为乡村社会精神文明的内生动力，加强村民参与感、认同感、自豪感，提升农民获得感、幸福感、安全感。最终在无锡乡村建立凝聚多产业、多层次、多人群的"乡村美学共同体"。

## 1.2 导则任务

### 1.2.1 梳理无锡乡村的资源概况

梳理无锡乡村在生态环境、规划建设、经济产业、乡风文明等方面的概况，发掘无锡乡村在生态涵养、休闲观光、文化体验等多方面的资源禀赋。

### 1.2.2 提出无锡乡村建设应遵循的基本美学原则

基于加强农业生态文明建设、打造美丽宜居村庄、促进乡村文旅等多产业发展的总目标，结合艺术哲学、生态美学、接受美学等领域的主要理论和无锡乡村建设实际情况，提出通过原真性、在地性原则守住乡村本色；通过形式美、意蕴美原则创造乡村美景；通过吸引力、认同感原则承载乡情乡愁；通过可持续、碳中和原则实现乡村在国家绿色发展战略中的引领作用。

### 1.2.3 归纳无锡乡村的主要美学意象

基于无锡乡村生产、生活、生态"三生"要素，提出"青绿乡野""依山恋水""古韵乡愁""田园康养""文化富土""科创新村"六大意象。在美学风貌上为无锡乡村建设提供更详细的参考方案，保证无锡乡村自然性、闲适性、质朴性、乡土性、农耕性和地域性等基本特征。

### 1.2.4 明确无锡乡村建设中各类项目应遵循的美学细则，为美丽乡村"塑形"

依据本导则提出的基本美学原则和六大美学意象，结合无锡乡村实际建设需求，针对乡村地形、植被、农田、水系、道路、建筑、设施、景观等具体建设项目制定具体细则，对各类项目的规划设计提供美学规范方面的指导。

### 1.2.5 规划无锡乡村美学经济发展策略，为乡村产业赋能

以文化创意、生活美学、深度体验为三大增长点，将审美要素合理嵌入经济生产的各个环节，促进乡村传统产业转型升级，激活乡村各类生产要素，推动乡村产业振兴。

### 1.2.6 制定无锡乡村美育实施措施，以美育为抓手推动乡风文明建设，为美丽乡村铸魂

传承和发展乡村优秀传统文化，提升农民精神文明风貌，强化村民的归属感和自豪感，培养村民的向心力和凝聚力，提升乡村文化在全社会的影响力和美誉度。

### 1.2.7 形成长效治理机制

充分调动广大农民的积极性、主动性、创造性，鼓励农民共谋、共建、共治、共管、共享美丽乡村。有序引导各类社会资源流向农业农村，保证无锡乡村美学持续、健康、高标准、系统化的发展。

## 1.3 适用范围

本导则对无锡市美丽乡村建设工作提供指导，可作为各级政府部门、村民自治组织开展相关乡村建设工作的参考，也可作为专业团队、企业、高校等各类主体参与无锡乡村建设工作的指引。

## 1.4 编制原则

### 1.4.1 彰显无锡乡村美学特色

导则紧密结合无锡当地自然风貌、历史文脉、风土人情、特色产业等基础资源条件，坚持因地制宜的整体思路和美学视角，凸显地域性、乡土性、实用性、专业性，塑造无锡乡村独特的风貌和韵味。

### 1.4.2 遵循绿色低碳发展思路

导则依据绿色低碳的发展理念，致力于促进乡村建设中资源集约节约循环利用，体现乡村建设与自然生态环境的有机融合。

### 1.4.3 凸显实用性、前瞻性、示范性

导则本着清晰明了、管用好用的原则，能够有效指导乡村建设实践。同时，导则充分考虑无锡"农业资源丰、生态环境优、经济实力强、创新氛围浓"的四大优势，树立将无锡乡村培育为全国美丽乡村建设典型案例的目标，体现出相应的学理性、前瞻性、示范性。

### 1.4.4 具备衔接性、系统性、开放性

本导则充分考虑与国家、省、市各级文件的衔接性、一致性，系统完整地呈现出无锡乡村建设的各项美学原则及标准。综合考虑各方资源、重视农民意愿和实际发展需求，为无锡乡村建设中的各方合作、乡村美学的进一步发展打下基础。

### 1.5 编制依据

#### 1.5.1 法律法规

《中华人民共和国城乡规划法》（2019年修正）

《中华人民共和国土地管理法》（2019年修正）

《中华人民共和国环境保护法》（2015年施行）

《基本农田保护条例》（2011年修订）

《中华人民共和国乡村振兴促进法》（2021年6月施行）

#### 1.5.2 政策文件

《中共中央 国务院关于全面推进乡村振兴 加快农业农村现代化的意见》（中发〔2021〕1号）

《中共中央 国务院关于做好2022年全面推进乡村振兴重点工作的意见》（中发〔2022〕1号）

中共中央办公厅、国务院办公厅《乡村建设行动实施方案》（国务院公报2022年第16号）

文化和旅游部、教育部、自然资源部、农业农村部、国家乡村振兴局、国家开发银行《关于推动文化产业赋能乡村振兴的意见》（文旅产业发〔2022〕33号）

中共江苏省委、江苏省人民政府《关于全面推进乡村振兴加快农业农村现代化建设的实施意见》（苏发〔2021〕1号）

中共无锡市委办公室、无锡市政府办公室《关于做好2022年全面推进乡村振兴和农业农村现代化重点工作的实施意见的通知》（锡委办发〔2022〕1号）中共无锡市委办公室、无锡市政府办公室《关于深入推进现代"美丽农居"建设的意见》（锡委发〔2021〕99号）

中共无锡市委办公室、无锡市政府办公室《印发〈关于建立健全城乡融合发展体制机制和政策体系的实施方案〉的通知》（锡委办发〔2020〕92号）

中共无锡市委办公室、无锡市政府办公室《关于印发〈关于全面开展"五园五区六带"建设加快推动农业农村现代化的实施意见〉的通知》（锡委办发〔2021〕11号）

中共无锡市委办公室、无锡市政府办公室《无锡市市现代农业专项规划操作指南》（试行）

### 1.5.3 相关规划

《乡村振兴战略规划（2018-2022年）》
《江苏省国家级生态保护红线规划》
《江苏省生态空间管控区域保护规划》
《无锡市"十四五"农业农村现代化规划》
《无锡市"三线一单"生态环境分区管控实施方案》

### 1.5.4 相关标准

《美丽乡村建设指南》（GB/T 32000-2015）
《特色田园乡村建设指南》（T/UPSC 0004-2021）
其他相关法律法规、政策规划、行业标准和学术研究等。

第二章 美学资源

美学资源指所有能激发人审美感受的事物，是美学价值的载体。乡村中蕴含着丰富的美学资源，比如自然生态、建筑聚落、风土人情、生产生活等各项物质或非物质要素，均可作为乡村中审美活动的对象。乡村美学建设要从发掘自身美学资源着手，提倡因势利导『用巧劲』，避免大拆大建『使蛮力』。

美学资源指所有能激发人审美感受的事物，是美学价值的载体。乡村中蕴含着丰富的美学资源，比如自然生态、建筑聚落、风土人情、生产生活等各项物质或非物质要素，均可作为乡村中审美活动的对象。乡村美学建设要从发掘自身美学资源着手，提倡因势利导"用巧劲"，避免大拆大建"使蛮力"。

无锡乡村依托优越的自然生态条件和秀美的湖光山色，形成了依山就势、傍水而居的聚落格局，拥有历史悠久的文化底蕴和丰富多彩的民俗活动。无锡乡村经济发展状况普遍较好，是闻名遐迩的鱼米之乡和乡镇企业的重要发祥地，蓬勃发展的特色产业和新兴产业构筑了扎实的经济基础。近年来，无锡在乡村环境整治、农村产业发展、乡风文明建设、乡村基层治理、农民增收等方面都取得了显著成就，为农业农村现代化建设的新征程奠定了良好基础，也为"向美而行"的高标准定位创造了优越条件。无锡乡村美学建设要在"摸清家底"的基础上找准自身优势、规划发展路径，充分展现自身特色。

## 2.1 地域特征鲜明

无锡地处江南腹地，以平原为主，星散分布着低山、残丘。山、水、林、田、湖、草等各类自然要素丰富。无锡乡村依山就势、傍水而居，随地势、河道、水塘、林盘等环境因素蜿蜒变化，呈现出丰富多彩的人居环境类型，拥有与城市规整布局截然不同的魅力。

### 2.1.1 水网密布河道纵横，低山浅丘星散分布

无锡水资源丰富，北倚长江、南滨太湖，京杭大运河穿境而过，天然河道与人工河道相互连通，形成了四通八达、体系完善的水网格局。太湖沿岸独具特色的渎湾景观以及与乡村生产生活息息相关的河流、溪流、沟渠、湖泊、水塘、塘坝、湿地等水体资源共同形成了无锡"以水为脉、在水一方"的水乡特色。水环境管护，水岸景观打造，传承水文化是无锡乡村美学建设的重要任务之一。

无锡市山体资源主要分布于滨湖区太湖沿岸和宜兴市南部天目山余脉等地区。无论是绵延的山脉或独立的孤山，都彰显出不同的空间尺度和美学意象，是无锡乡村美丽山水画卷的立体骨架。

### 2.1.2　气候环境得天独厚，生态景观丰富多样

无锡四季分明，雨量充沛，日照充足。基于得天独厚的气候环境，形成了丰富的植被景观。无锡平原农区植被主要分布在村落周围、房前屋后、河边池旁。铁路、公路以及乡村集镇之间的大道绝大部分栽有行道树或防护林。丘陵农区以森林植被和草本植被为主，自然条件较好的地区全部山地为林木所覆盖，林下和林边落叶灌木成片生长，郁郁葱葱。太湖是无锡面积最大的水域，其广阔的水面水生植被也是无锡植被的重要组成部分。乡村植被群落具有质朴丰富、自然野趣的特色，是乡村美学建设不可或缺的部分。

### 2.1.3　村庄形态因地制宜，空间肌理灵动自然

无锡乡村与自然条件高度适应，在平原地区、丘陵山区、水网地区形成了不同的村庄形态。根据空间布局来看，无锡乡村大体呈现出带状、枝状和团状三种特征。带状村庄受河流、道路等线性地理因素的影响，村庄建筑、设施呈现分段、多节点的特点；枝状村庄一般分布在地形起伏的环境中，民宅组团散落于山林原野中较平坦处，通过道路连为整体；团状村庄受地理环境限制较小，民宅紧凑围绕公共设施或路网、水网秩序分布，功能分区明确、土地利用率高。

无锡村庄与市镇之间距离较近且交通便利，但与城镇线性行列式的规整布局不同，乡村随地势、河道、水塘、林盘等环境而蜿蜒变化，空间肌理缤纷灵动。山村建筑层层叠叠、错落有致，水乡建筑穿插进退、虚实结合。乡村建筑群落融入自然，建筑与林木交相掩映，形成了起伏舒展、富有韵律的天际线，构成了与城市截然不同的乡野风貌。

### 2.1.4　建筑风格清新素雅，人居环境干净整洁

无锡乡村现有民居建筑风格大体可分为传统型和现代型。20 世纪五六十年代前的传统民居建筑多就地取材，白粉墙抹面、黑瓦盖顶，大门入口处和窗框外有一定装饰；20 世纪七八十年代农村自建房多采用现代材料、呈现现代风格，一定程度上改变了村庄原本古朴的风貌，但整体没有出现过度夸张的造型，颜色普遍较为淡雅，一般采用坡屋顶，屋脊、门窗多装饰有传统纹样，因此仍然呈现出清新素雅的特色。

"十三五"期间，无锡把农村住房建设作为全市实施乡村振兴战略的"头号工程"，统筹分类推进农房建设工作，聘请规划设计专家担任"美丽乡村设计师"，一批白墙黑瓦、小桥流水的"新江南人家"相继落成。无锡在全省率先启动"一推三治五化"环境整治工程，率先建立长效管护机制、督查考核机制和"红黑榜"制度，实施垃圾收运、污水治理、农村厕所、路灯亮化等全覆盖项目，乡村人居环境干净、整洁、秩序井然。

## 2.2　产业经济发达

产业兴旺是乡村振兴的基础。无锡自古就是闻名遐迩的"鱼米之乡"，也是我国近代民族工业和乡镇企业的摇篮。近年来，无锡乡村在推动现代农业高质量发展，加快构建具有无锡特色的现代农业生产体系、产业体系和经营体系的过程中成效显著，新时代"鱼米之乡"的特色优势进一步彰显。

### 2.2.1　现代农业基础扎实，特色产业优势明显

无锡现代农业基础扎实。基于工业化、园区化的发展理念形成了无锡锡山国家现代农业产业园、无锡惠山现代农业产业园、江阴市现代农业产业示范园、宜兴市现代农业产业示范园、无锡市滨湖区现代农业产业高质量发展示范园等规模载体，采用园区化统一管理的方式有效贯通供应链、延伸产业链，提升农业产品附加值。

无锡统筹推进高标准农田与农田水利设施建设，经过多年高质高效的发展，形成优质稻米、精细蔬菜、特色果品、名优茶叶、特种水产、花卉园艺六大主导产业。建成全国农业产业强镇 5 个、全国"一村一品"示范村镇 14 个、国家农产品地理标志产品 4 个、中国特色农产品优势区 1 个、省特色农产品优势区 1 个、省级农村区域公用品牌 2 个，为进一步发展绿色兴农、质量兴农、品牌强农打下了扎实基础。

### 2.2.2 一、二、三产互融互动，新兴产业不断壮大

无锡乡村一、二、三产业深度融合，乡村休闲旅游业、农产品精深加工、农村电子商务等农业新产业新业态蓬勃发展，有效促进了产销衔接，带动了农民增收。目前全市已建成中国美丽休闲乡村 9 个、全国乡村旅游重点村 5 个、省级农产品加工集中区 2 个。

## 2.3 人文底蕴丰厚

乡村美学既要"塑形"，也要"铸魂"。文化是乡村凝聚力、吸引力的重要构成。丰富多彩的文化生活是孕育乡村美好精神面貌、塑造文明良好乡风的厚土。无锡乡村留存有丰厚的物质和非物质文化遗产，成就了诸多彪炳中华史册的历史名人和文化巨匠，孕育了丰富的民俗活动和文化传统。乡村美学建设应细致全面地调查、掌握每一类别文化资源形态的发展变化和传承现状。

### 2.3.1 历史文化源远流长，乡土文脉赓续不熄

无锡是一座具有三千年历史的江南名城，隶属于古吴越地区，早在春秋战国时期就是经济文化中心，孕育了众多文人墨客，至今仍保留有大量的历史遗迹、古建民居、名人故居、纪念性建筑、红色遗址等文化资源。除了丰富的物质文化遗存，无锡还拥有惠山泥人、紫砂器、留青竹刻、精微绣、锡剧等非物质文化遗产，这些有形或无形的历史遗存都是乡村美学建设中的重要文化资源。

无锡乡村拥有丰富多彩的传统民俗活动和民间演艺、传统戏剧和曲艺、传统手工艺、传统医药、民族服饰、宗教庙会活动、典故传说、地方人事、口头方言、乡野美食等传统文化风俗和村规民约，耕读传家、诚实守信、孝义为上、尊老爱幼、勤俭持家、邻里和睦等传统美德均为当今乡风文明的精神内核，也是乡村美学不容忽视的组成部分。

### 2.3.2 文明新风深入人心，公共服务体系完善

无锡乡村积极发挥基层党组织在乡村治理中的领导核心作用，开展思想政治建设、道德素质提升、文明创建覆盖、美丽乡村塑造、志愿服务普及、文明家庭涵育、乡村文化繁荣、移风易俗推进等八大工程，推动社会主义核心价值观在乡里乡亲中落细落深。目前全市建成全国文明村镇 26 个，县级及以上文明乡镇、文明村占比分别达97.8% 和 93.7%。

乡村公共文化服务体系完善，目前农村综合性文化服务中心和村便民服务中心已实现全覆盖。乡村普遍建有文化活动室、文化广场、农家书屋等惠民文化设施，一些乡村还设有文化馆、博物馆、美术馆等公共文化场馆。在此基础上有面向不同人群的文化宣传、普法教育、科普展示、阅读分享、艺术普及、体育健身、电影放映等活动。

美学意象是指在历史发展过程中形成的具有普遍性的、人们共同接受的「心理图像」。「白墙黑瓦、小桥流水」就是吴文化流经千年形成的典型意象。无锡乡村美学意象应兼具乡村特征和地域特征：乡村特征包括自然、闲适、质朴、乡土、农耕等要素，这些特征使乡村与城市区分开来；地域特征包括吴韵气质、江南人家、小桥流水、鱼米之乡等特点，这些特征使无锡乡村与其他地域乡村区分开来。乡村建设规划需要遵循基本美学原则，基于自身资源禀赋，参考整体意象图景，结合村民自身意愿，充分发挥各村创造力，避免盲目跟风，打造具有本地特色的乡村美学。

美学意象是指在历史发展过程中形成的具有普遍性的、人们共同接受的"心理图像"。"白墙黑瓦、小桥流水"就是吴文化流经千年形成的典型意象。无锡乡村美学意象应兼具乡村特征和地域特征：乡村特征包括自然、闲适、质朴、乡土、农耕等要素，这些特征使乡村与城市区分开来；地域特征包括吴韵气质、江南人家、小桥流水、鱼米之乡等特点，这些特征使无锡乡村与其他地域乡村区分开来。乡村建设规划需要遵循基本美学原则，基于自身资源禀赋，参考整体意象图景，结合村民自身意愿，充分发挥各村创造力，避免盲目跟风，打造具有本地特色的乡村美学。

## 3.1 乡村建设美学原则

无锡乡村建设以"守住本色、创造美景、记住乡愁、引领未来"为目标。主要遵守四方面原则：第一，规划建设要符合原真性和在地性原则，守住乡村本色；第二，设计建造应遵循形式美和意蕴美规律，让乡村有美景可赏；第三，乡村建设的核心在"人"，从接受美学的角度考虑村民和游客的审美期待，让乡村更具吸引力和认同感；第四，强化乡村"压舱石""蓄水池"的作用，推动乡村在可持续发展、碳达峰与碳中和等国家生态文明建设整体布局中的引领价值。

### 3.1.1 守住本色：原真性与在地性

一

原真性指乡村发展过程中注意保护其原本风貌，
做到"原草原木原生态，原汁原味原风情"。

乡村原真性可以具体划分为"原住房、原住民、原生活、原生产、原生态"五项内容。在执行原真性原则的过程中要注意切勿"一刀切"，将"原真性"与"僵化""一成不变"相混淆。乡村在新旧更迭、不断发展中呈现出勃勃生机，有建设势必会有风貌变化，因此原真性的本质问题是"变什么""不变什么"以及"如何变"。维护乡村原真性应做到具体情况具体处理：

从绝对原真到相对原真。在处理乡村中人与自然的关系时，应遵循最小干预原则，在最大限度维护自然景观风貌的基础上，改善生产生活条件。在建设及改造过程中，根据人工干预程度分为改造、局部改造、保留、保护、重点保护等不同干预层级。对于国家与省级历史文化名村以及存有大量历史建筑或建筑群、村落整体格局与空间肌理延续了传统风貌的村庄，应以保护优先，做到"应留尽留、能保尽保"。对这些村庄中的老旧建筑修旧如旧，在此基础上采用"镶补""针灸"策略，选择合适的节点添加满足旅游观光基本需求的辅助功能空间和服务设施。严格控制新建建筑的体量、色彩、高度、风格。对于一些有条件的传统建筑应合理利用，只有使用中的建筑才能减缓损毁进度，根据需求对这些建筑进行功能拓展。对于一般民居，不应划定统一标准。有针对性地选择需要重点整治提升的民房修复安全隐患，采用"保旧探新"的策略进行整体风貌引导。

从物质原真到信息原真。与单一追求物质本体的原真相比，当前学界认为信息的原真更为重要，更有利于人们认知、理解和传承历史文脉。将原真性的内涵从"原物"拓展到"原信息"，为乡村建设提供了更多空间。比如，对于传统民居、传统空间格局保留较少的村庄，可以提取传统建筑位置环境、空间形态、材料技术、功能用途等相关信息，结合当前功能需求和整体环境进行"再生性"设计和重建。继承了原真信息的新建筑依然能保持"乡土味"，从而保证乡村风貌整体和谐。另外，信息原真还包括对乡土文化的保护与传承，文化是乡村的亲情纽带，也是乡村的重要吸引力。对于具有情感记忆价值、社会文化价值的各项乡土文化信息进行挖掘、记录和传承。有条件的乡村应组织专家和志愿者开展乡村口述历史的整理或组织编纂村志，系统化传承村落文脉。

从静态原真到动态原真。乡村经历了较长时间的发展、沉淀、积累，留下了明显的时代特征和历史印记，展示着乡村的兴衰变迁。乡村的原真不是某一个静止时间点的原真，因此既应避免"涂脂抹粉"的求新，也要避免一味仿古摹古。乡村建设应适当保留时间、气候作用于物质表面所形成的印记，在整体风格统一的基础上体现本土特征和时代特色。

## 二

"在地性"强调立足土地、当地、此地的真实条件，从地形地貌、自然肌理、场地要素、空间类型、传统技艺、本土材料等方面综合考虑。

避免出现盲目模仿城市面貌而忽视乡土属性，或简单复制乡村符号而造成的"千篇一律"现象。在地性应具体体现为以下几点：

对自然环境的回应。乡村建设中应避免"推山削坡""填塘盖房""拉直道路""过度硬化"，提倡"因地制宜""随形就势"。通过对自然特征的提取，让地貌、形态、肌理、气候、植被等自然特征在乡村建筑中得到延续。乡村建筑对当地环境的"回应"主要体现在形态布局、空间组织对其所处环境进行回应：在地形起伏的场地环境下，可选择 "随形就势"的策略，通过环境肌理或色彩的延续，营造建筑与大地之间的视觉联系；提取所处环境的典型特征并转译到建筑设计中，创造建筑与环境之间的内在联系。比如将建筑边界与周边的山体相衔接，从视觉上将人工构筑物融入自然环境中。

对建造方式的传承。乡村建设中应避免建筑语汇杂乱无章，避免新建民居楼层过高或过于西式、官式等风格。提倡乡村民居通过对建筑材料、建造技术、结构形式、细部构造等要素的在地性把握，凸显乡村气质、吴韵气质。建筑材料是乡土建筑存在的物质基础，也是乡村历史文化、建筑意象的重要载体。选择乡土建筑材料并不意味着对传统乡村建筑的简单复制，也不意味着完全不使用新材料。新旧材料在合理的建造逻辑下混搭使用，并不妨碍乡村特征的表达。乡村中流传的砖石瓦作、木作等传统建造工艺承载着传统乡村的营造智慧，在乡村建设过程中应当注意对传统营造技艺去粗存精、传承创新。

对场所精神的表达。乡村聚落既是村民生活的场所，又是村民集体记忆的载体。乡村建筑的场所精神指村民在空间中感受到的场所氛围，及由此产生的归属感和认同感。乡村建设过程中要注意根据乡村发展历史提取文化记忆，适当演变、转译为建筑语言或文化符号，用以表达场所精神和村民的集体记忆。

### 3.1.2 创造美景：形式美与意蕴美

在顺应自然的前提下积极营建乡村景观，让乡村"有景可赏"。营建过程中应符合形式美和意蕴美的原则，做到形神兼备。形式美指事物外在的形态、线条、色彩、质地及各部分的组合在节奏、比例、关系等方面符合基本美学规律，给人以愉快、舒适、和谐、完整等审美感受。意蕴美指乡村景观表现出来的情志、意趣、精神之美。

## 乡村中的形式构成要素

从形态构成的角度来看，乡村景观可以分为点、线、面三种基本几何形状。点包括重要节点建筑、标志物、公共空间等。点具有向心力、凝聚力，通过对村庄重要空间节点的设计，可以使村落开合有序、呈现出丰富的布局；线包括道路、水系、绿化带、天际线等，线具有较强的概括性和表现力，既可以用于概括空间轮廓，又可以串联重要文化景观节点、主要农作物种植区和生态涵养区等；面包括大面积种植、水域，以及特色集聚片区等，面是乡村景观的肌底。点线面不同形态间的组合能够形成不同的美感，乡村建设应本着"串点成线、连线成片、聚片成面"的总体思路稳步推进。

乡村色彩是乡村空间所能被感知的所有色彩要素的总和。人在观看任何景观时，首先映入眼帘的就是色彩，因此色彩是乡村最直观的表情与气质，是决定乡村总体面貌的关键因素。乡村色彩是村民审美趣味的体现，也是村民情感和记忆的流露。

乡村色彩大体可以分为主导色、辅助色、点缀色三种。主导色是乡村中面积占比较大的色彩构成，包括大面积植被、建筑立面等。无锡乡村的主导色一般为"青山碧水、白墙黑瓦"，具有极强的江南水乡特色和中国传统美学韵味。辅助色面积相对主导色占比较小，对主导色起到辅助作用，包括乡村道路、屋顶、门窗等构建。点缀色占比最小，一般指乡村中环境设施、导视招牌等使用的色彩。无锡乡村的色彩根据自然地理和人文产业等因素各不相同，各村应根据自身情况从材料肌理、界面构成、尺度划分、色彩组织等方面加以总体控制，展开特色化设计。

# 二
## 各形式要素之间的关系

主从与重点。人在注意力范围内要有视觉中心点，才能营造出主次分明的层次美感。对某些部分的强调可以打破全局的单调感，使整个环境更有朝气。乡村建设中，公共艺术、标志性建筑等均可以作为视觉重点。从整体布局来看，乡村视觉重点不宜过多。当所有要素都竞相突出自己，或处于同等重要的地位、不分主次时，反而会削弱整体的完整性。

韵律与节奏。有规律的重复或有秩序的变化往往可以激发人的审美享受。视觉形式的韵律与节奏是通过体量大小、空间虚实、构件排列、长短变化、曲柔刚直等要素的排布来实现的。乡村建设规划要注重各要素之间的连续、渐变、起伏、交错等关系，出现明显的条理性、重复性、连续性，由此形成视觉韵律与节奏美感。

比例与尺度。比例是三维物体长、宽、高之间的相对度量关系，和谐的比例能够给人带来审美愉悦，美学中最经典的比例分配为"黄金分割"。乡村建筑不需要追求一致性的完美比例，任何整体和局部之间和谐统一的关系都可以给人带来美的享受。乡村建筑的比例设计应该以满足空间功能为主，避免为了视觉效果的求新出奇而刻意违背功能的现象。

尺度指人与物之间的关系，强调人对事物形体的主观体会。不同的建筑尺度会产生不同的心理感受，大尺度给人以气势磅礴的感觉，而小尺度给人以亲切宜人的感受。乡村建筑应以小尺度为主，以人的空间感知为基础，充分考虑与周边环境、村落肌理之间的关系和村民的行为习惯，在满足使用功能的条件下营造舒适的空间体验。乡村建设中要避免贪高图大，避免修建大牌坊、大门楼、大广场、大公园等尺度过大的"形象工程"，避免照搬城市模式，脱离乡村实际。

对比与调和。在整体风貌的和谐统一之中，采用对比的手法可以产生更多的层次和样式，从而演绎出不同的美感。调和是注重对比方之间的缓冲与融合关系。对比出现在大小、曲直、虚实、藏露、隐显、有无之间。乡村的地形地貌、植被水体、建筑聚落等审美对象在形体、色彩、线条、质地四个方面都可能产生对比。一定的对比可以避免单调感，过分的对比则会丧失一致性，可能造成混乱。所以对比一定要在调和的前提下展开。

三

乡村景观的意蕴美

乡村建设的物质实体应符合形式美原则，其所表达的精神内涵应符合意蕴美原则。意蕴美指内在的生气、情志、灵魂、风骨和精神。意蕴美通过特定的素材、形式加以表现，带给人心灵的震撼和感悟，引发人的深层次思考。适当对乡村自然景观中湖石、荷叶、修竹等景观加以提炼、阐释与说明，体现人文与自然的结合。

### 3.1.3 记住乡愁：吸引力与认同感

传统意义上的"乡愁"指远离家乡的游子对故乡的思念。当代乡村建设中提出的"乡愁"是在新型城镇化建设背景下产生的概念，它包含两个层次的内涵：一方面，当代乡愁是都市人对于往昔乡村生活的回忆，是城市化浪潮中人们对乡土世界的回望，是快节奏的城市生活无法满足人们精神情感需求时而产生的对慢生活、田园生活的向往；另一方面，当代乡愁对乡村居民来说，是传承乡村文脉，振兴乡村文化，激发农村居民的认同感、归属感、幸福感，是应对农村人口流失和"空心化"问题的精神凝聚力。从这两个层次来看，记住乡愁的核心内涵是提升乡村吸引力和认同感，把人引来，把人留住，引导人口、产业、资金、技术等资源流向乡村。

# 一
## 吸引力

乡村吸引力可以从美景度、乡村性、环境友好度、可达性、感知度五项指标展开具体判断。乡村建设可以根据以下维度和具体指标综合打造乡村吸引力。

美景度。乡村美景度可从自然性、奇特性、有序性、多样性、文化性等角度衡量。其中，自然性指区域内原生植被或水域面积占比较高，人为干扰度较低；奇特性指地形地貌、景观形态或规模度相对少见；有序性可根据景观的均匀程度、聚落空间的秩序感来衡量；多样性指景观类型和季相变化的丰富程度；文化性包括历史文化价值、原真性和完整性等。

乡村性。乡村性可以从地理环境、经济基础、景观特征、乡村氛围等角度衡量。乡村应呈现出人与自然和谐相处的整体特征；土地利用类型和就业均应彰显农业特色；乡村聚落、民俗风情、农耕文化保存程度应比较高；生活节奏悠闲自在、生活方式健康生态。

环境友好度。乡村环境友好度可以从自然环境、社会环境、旅游服务环境等角度衡量。其中，自然生态环境的友好度指空气、水体、绿化等因素的清洁、美化、舒适程度；社会环境的友好度指居民友善程度和社会治安水平、乡风文明水平；服务环境友好度指基础设施的便利性和旅游服务水平。

可达性。乡村可达性可细分为外部可达性、内部准入性、经济可达性、信息可达性。外部可达性，即与周边城镇的连通性、交通方便程度；内部准入性，即乡村内部的可进入程度和交通设施完善程度等；经济可达性，即到达乡村的交通成本、时间成本等因素；信息可达性，即乡村的宣传水平、信息辐射强度等。

感知度。乡村的感知度指外来游客对乡村的整体感受。乡村感知度可以通过对游客的游前偏好度、游中满意度和游后推荐度进行调查来衡量。

<h1 style="text-align:center">二</h1>
<h2 style="text-align:center">认同感</h2>

乡村要吸引人，更要留住人。除了经济待遇、公共福利、人才培养等政策机制的保障，乡村留住人的关键是建立认同感，认同感是维系社会整合和秩序的整体价值观念。认同感包括对自我社会身份、自我与他人关系的定位，以及个人对所属集体的经验、情感、价值观的共享。认同感在社会交往中产生，并随着互动关系不断发生变化。认同感的建立可以让乡村居民形成对村庄文化的认识和肯定，对所在生活地域和集体形成维护、保护意识。认同感是塑造乡村内在凝聚力的关键，构建乡村认同感需要抓住集体记忆和个体参与两个维度着手。

集体记忆。乡村集体记忆是乡村社会在长期共同生产生活中形成的关于生产经验和生活理念的共同认知，这种集体记忆凝聚在乡音乡俗、乡土风情、传统技艺、特色农产品、生活用具和生产工具等载体上，是乡村社会群体共享的记忆，是对乡村文化的情感所系。唤醒、抢救、活化、构建村庄的集体记忆，是凝聚乡村主体文化认同，涵养村民精神文明的重要方式。活化乡村记忆，在新时代赋予乡村集体记忆新的文化内涵与时代精神，铸牢乡村文化共同体意识，是凝聚新时代乡村社会建设的文化力量。

个体参与。村民参与乡村公共生活是建构认同的重要方式。传统乡村自发形成的公共议事空间（大树下、老墙根、村中央、水井等）是村民探讨乡村事务、谋划乡村发展的公共平台。村民对农村社区的认同需要建立在社区居民互动的基础之上。一方面，鼓励"新乡贤"参与乡村治理，以其自身的才智、经验、学识等造福桑梓、泽被故土；另一方面，建立村民议事机制，畅通村民话语表达渠道，切实保证村民参与乡村公共生活，培育合作、责任、共享的乡村社区文化，建构乡村公共精神和社区认同。

### 3.1.4 引领未来：可持续与碳中和

乡村建设的可持续发展可以从整体观、承载力、节约型三个维度来把握。此外，乡村应注意在坚守国家粮食安全的前提下，在碳达峰、碳中和发展战略中发挥更大作用。

整体观。乡村和城市相比较，最大的优势在于人与自然和谐的关系。乡村大型工程和人造景观等建设项目，需要放到当地生态和人文环境中考察其对整体系统的影响。乡村建设必须在整体规划之下分批次逐步进行，做到"先规划、后建设"，避免贪图规模、贪图眼前利益而展开破坏性开发。

承载力。平衡乡村发展和乡村承载力。乡村承载力包括自然承载力和社会承载力。自然承载力指环境或生态系统承受发展和开展特定活动的限度；社会承载力指乡村发展应符合当地居民对生活质量的期待，充分考虑当地基础设施、服务水平等社会因素可承受的范围。尤其注重在保护村民生活舒适度、便利性的前提下平衡经济发展与环境保护之间的关系。

节约型。建设资源节约型、环境友好型的乡村，可以从四个方面着手：

第一，自然景观改造生态化。充分利用乡土植物，保护和节约自然资源，尊重和维护生物多样性；

第二，乡村景观建设简约化。本着"经济、实用、美观、可持续发展"的基本思路，基于乡村原有条件，进行较少的人工干预。找准乡村建设中的关键问题，有针对性地设计解决方案。减少不必要的、过度的设计，增加不足的、缺失的设计；

第三，乡村景观建设低碳化。减少景观更新过程中的能量消耗，促进资源的循环利用。就近选择乡村材料，降低材料制作、运输中的碳排放，从而减少能源的消耗。对已成型、已使用的材料进行创新重构，循环利用；

第四，乡村建筑管控精细化。有针对性地选择需要重点整治提升的民房。对于不能满足现代使用需求的建筑，可以通过引入新功能激活建筑空间，实现建筑的"康复性再生"。

碳中和。打造"碳中和新乡村"，形成绿色发展无锡路径。通过经济模式创新、生态治理制度建构、低碳技术研发应用等方式，发展绿色低碳经济，持续推进农业生态文明建设，推进农业农村领域的碳达峰、碳中和。

## 3.2 无锡乡村美学意象

特色鲜明的乡村意象是乡村的核心吸引力和竞争力。美学意象的形成源自人们对乡村多途径的感知，具体表达为一个或几个景观元素构成的意境图式。围绕无锡乡村生产、生活、生态"三生"要素，形成自然生态打底的"青绿乡野意象"；呈现乡村聚落与自然环境天人合一的"依山恋水意象"；依托乡村建筑、乡村景观和文化活动，营造让人魂牵梦萦的"古韵乡愁意象"；结合乡村生产生活的特点，构建"田园康养意象"；基于无锡乡村悠久的人文历史资源，打造"文化富土意象"；利用建设智慧乡村、数字乡村契机，打造"科创新村意象"。乡村美学应该由若干意象构成复合图景。

### 3.2.1 青绿乡野意象

"山水情怀"深深地镌刻在中国人的文化基因中。"知者乐水，仁者乐山"即描述了人从自然中获得的启发和慰藉。无锡素以山水秀美著称，乡村发展应注重彰显青山绿水之美，传承山水文化基因。在人对大自然的观赏中，特色鲜明的地形地貌形成了远眺之势，丰富多彩的动植物构成了近看之质，"远看有势、近看有质"是青绿乡野带给人的审美感受。

——

*平原地形的开放辽阔之美*

无锡地形总体起伏较小、河网纵横。顺应平原开放辽阔的特征，花海连天、稻田成片，给人以开朗坦荡、心旷神怡的美感。

## 二

### 丘陵地形的错落连绵之美

无锡滨湖区及宜兴市南部区域拥有连绵起伏的丘陵。丘陵地形形态丰富，易营造出层峦叠嶂、若隐若现、连绵不断的美丽景色。沿景观步道拾级而上，能体会清新优美的林间景致，配合水景营造，形成叠瀑流水，更具探幽访奥的意趣。

## 三

### 水域风光的温润秀丽之美

无锡南滨太湖，"烟渚云帆处处通，飘然舟似入虚空""湖面风收云影散，水天光照碧琉璃"，开阔的水面具有烟波浩渺的宏大气势，表现出中国传统山水意境之美。

### 3.2.2 依山恋水意象

"绿树村边合,青山郭外斜。"乡村与自然的和谐关系是其区别于城市的独特魅力。无锡乡村散落在平原水网、丘陵山地等不同自然环境之中,掩映于佳山妙水之间,形成了村落与山水融为一体、相得益彰的绝美意境,也体现了"择地而居、傍水而建"的中国传统营建智慧和"天人合一"的传统美学理念。

通过梳理远眺、远望的视域认知体系,在山丘水湾凸出处、田野开阔空间处设立景观眺望点,建立大尺度空间的观赏区,展示村落及其相生相依的山水林田湖草的空间关系,呈现村落散布于山水佳境中的人居意象。

江南自古地狭人稠、精耕细作，因此传统村落规模都不大。村边大多是菜园、果园，边界开敞，与自然环境有机交融。多有河浜深入村中，由此形成村中有田、田中有村，村内小桥流水、白墙黑瓦，村外阡陌纵横、田野开阔的人居环境，也构成了人们心目中依山恋水的江南乡村意象。

### 3.2.3 古韵乡愁意象

古韵与乡愁是中国传统文化中最为经典的意象。抚古思今、安土重旧不仅是个人情感的抒发和审美体验，更是个体经历与集体记忆的连接，是对历史血脉和人文精神的传承。古韵乡愁附着于一些具体文化符号中，比如"太湖东西路，吴王古山前"，太湖和惠山就是触发诗人怀古之情的对象，"故乡篱下菊，今日几花开"，篱笆和菊花就是寄托诗人思乡之情的符号。传统村落中的自然环境、历史遗迹、文化景观、人物事件、风格氛围等都是古韵乡愁的载体。乡村古而真、朴而拙、小而近的特点与古韵乡愁意象有着天然的纽带。

# 一

## 古而真

乡村中古朴的民居、老树、水井、码头、戏台等都传递着乡土韵味。与专门为旅游而造的景观不同，这些事物是村民生产生活中留下的真实印记，在时间和使用中形成了古而真的美感。

# 二

## 朴而拙

乡村建筑常常就地取材，充分利用石材、木料、竹子等本土材料；日用不求精致昂贵，以实用耐用可循环为主；景色不需特别设计，菜园果园都是景观。艺术大师徐悲鸿曾用"宁拙勿巧"形容返璞归真之美，在乡村生活中处处都是这种朴拙随性之美。

# 三

## 小而近

乡村景观以小村小院、小河小桥、小街小巷为特点。小空间中慢生活，邻里之间家长里短、茶米油盐，形成了相亲相近的纽带关系，也构成快节奏都市人魂牵梦萦的故土情愫。

### 3.2.4 文化富土意象

文化是乡村的灵魂。无锡作为江南文化的发源地之一，拥有历史悠久的尚德文化、吴文化、耕读文化以及不胜枚举的名人、古迹、故事、戏曲等传统文化。"五里不同风，十里不同俗"，每个乡村都在世代相传的发展历程中形成了独具特色的乡土习俗、节庆活动、地方美食等民俗文化。许多村庄、姓氏都有自己为之自豪的家族历史，形成了源于血脉纽带、基于善行义举、利于风习教化的乡贤文化。乡村中的匠人、手艺人、农民艺术家、文化传承人继承着中国传统造物智慧和民间艺术。此外，乡村还是自然教育和实践教育的重要基地，为各类研学、体验活动提供了丰富的资源。充分发掘无锡乡村的文化底蕴，传承村落文脉，塑造无锡乡村"文化富土"的意象，彰显乡村的文化吸引力。

乡土文化为中国社会提供了丰厚的精神滋养，孔子曾提出"礼失而求诸野"，可见乡土文化在中国传统文化体系中的重要地位。随着现代城市文明的兴起，传统乡土文化逐渐式微，在社会主义核心价值观的引领下传承优秀的民间文化，发展积极向上的新时代乡土文化，打造与城市文化并肩而立、相得益彰的乡村文化富土意象。

### 3.2.5　田园康养意象

无锡乡村的景观资源、气候资源、文化资源、生活方式等都为人修养身心提供了良好环境。诗人笔下的田园生活拥有"久在樊笼里，复得返自然"的自在之美；拥有"晨兴理荒秽，带月荷锄归"的劳动之美；拥有"小桥流水人家"的静谧之美；拥有"桃花流水鳜鱼肥"的富庶之美。传播乡村积极健康、放松身心、绿色环保的生活理念，让人们在郊游、野营、种地、远足、骑行、观光、采摘、渔猎中体验与自然合拍的生活方式，达到康复身心、修身养性的目的。

自古富庶的江南孕育出了独特的日常生活美学，人们在饮食、穿着、日用、游乐等平凡的生活细节中追求品质和美的享受。江南历史悠久的"隐逸"文化同样体现出悠然闲适、自由自在的生活态度。江南生活方式之美在今天焕发新的价值，工业文明带来的快节奏生活、消费主义滋生的欲望和焦虑无不影响着当代人的生活品质。回归乡村，在青山绿水中开阔胸怀，在一茶一饭中获得满足，在土地和劳动中回归本真，在田园健康的生活之美中获得身心的滋养。

### 3.2.6 科创新村意象

让农民继续居住在乡村、让年轻人愿意到乡村来发展，必须展现乡村的发展机遇。打造宣传无锡科创新村形象，让农业科技现代化、生活设施便利化、为专业人才搭建创新平台。借助无锡数字发展、物联网发展优势，加快推进乡村信息基础设施建设，实现农村地区管线网络、5G 移动通信全覆盖。建立数字乡村治理平台，运用大数据、人工智能技术推进乡村精细化、智能化管理。推动数字经济向乡村延

伸，大力开展智慧农业、无人农场，促进乡村数字产业的发展。持续推进无锡乡镇、村企业的转型升级。以农业园区为重要载体，充分融入科技元素，建设高效设施农业，促进一、二、三产业融合发展，全面促进现代农业提质增效，以产业发展吸引创新人才。

锡

第四章 美学营造

乡村美学营造是以美为目标的乡村规划与建造活动，其中生态是呈现乡村美学的底色，聚落是营造乡村美学的载体。无锡拥有优越的自然生态条件，乡村聚落依托自然环境呈现出水乡风貌、山村特色或田园特征。在乡村美学营造过程中应充分挖掘无锡乡村的自然优势，将美学要素融入自然环境之中，用审美的眼光观察和认识人与自然之间的关系，实现人与自然的和谐共生。生态美和聚落美是实现农村自然环境和人居环境质的飞跃，是打造锡乡品牌广泛知名度和美誉度的基础。

吾乡好人居山水间前村后垫
绿丛菌粉墙黛瓦傍清流
桥下过篷舟
锡

乡村美学营造是以美为目标的乡村规划与建造活动，其中生态是呈现乡村美学的底色，聚落是营造乡村美学的载体。无锡拥有优越的自然生态条件，乡村聚落依托自然环境呈现出水乡风貌、山村特色或田园特征。在乡村美学营造过程中应充分挖掘无锡乡村的自然优势，将美学要素融入自然环境之中，用审美的眼光观察和认识人与自然之间的关系，实现人与自然的和谐共生。生态美和聚落美是实现农村自然环境和人居环境质的飞跃，是打造锡乡品牌广泛知名度和美誉度的基础。

## 4.1  生态美学：乡村美学的底色

生态环境提升作为无锡乡村环境建设的重点工作，应尊重自然本底、提升植被风貌、加强水系治理、塑造农田景观、营造山清水秀的乡村美景。

### 4.1.1  尊重自然本底

自然本底是乡村生态美学的物质基础。自然本底是一切自然环境的总和，是在不受人工干预的情况下，环境因素相对稳定时所构成的天然状况。自然本底不仅是乡村赖以生存的基本保障，也是乡村可持续发展的重要资源基础。尊重和保护自然本底，是对"天人合一"观念的传承。

自然本底是乡村生态美学的空间载体。以生态美学的视角审视乡村自然本底，有着与城市景观截然不同的形式美和意蕴美。在尊重自然本底的基础上，以平原地形为面，承托景观与故事的展开；以河流水系、交通路网为线，让人身处其中有线性元素牵引指导，开展跌宕起伏的观景体验；以村庄聚落为点，强调吴韵文化，形成视觉中心。"点线面"的结合，形成了完整的景观系统。人的视线由点及面，沉浸感强，营造"人在画中游"的美感。

自然本底是乡村生态美学的价值呈现。从观念上重新理解自然，审视自然的山水林田湖草，发现其中的美学价值、生态价值、历史价值和文化价值；从行为上切实保护自然，形成绿色的生产和生活方式。杜绝乱砍滥伐，减少水土流失。严禁环保不达标企业，减少资源浪费和水、大气等环境污染等问题。

### 4.1.2 提升植被风貌

植被风貌是植被生长和搭配的整体形态样貌，优良的植被风貌能凸显当地环境特点和人文特征。无锡乡村自然生态环境良好，植被丰富，在构建美丽乡村时注重植物的搭配种植，有助于强化生态稳定，保证四季有景，突出江南意蕴。从种类、季相和形态着手，三位一体打造富有无锡乡村植被特色的风貌。

一

种类搭配自然原生

无锡植被景观的主要类型分为农业栽培植物和丘陵山地植物。另外，境内湖河池沟众多，水生植物种类多样。因此，构成了无锡地区平原环境、山地环境、滨岸环境不同的植被分布特色。

在无锡地区平原环境中，绝大部分已经辟为农业耕作区，平原地区的树木主要分布在村落周围、房前屋后、河边池旁、干道侧旁，在进行植物配置时，主要考虑这些区域。注意植物群落搭配和丰富垂直生态环境，以不同树龄、不同种类的乔木混合种植，针叶与阔叶相结合，常绿与落叶相结合，速生与慢生相结合，乔木、灌木、草本和藤本相结合，形成多品种的植物群落景观。

无锡山地海拔普遍不高，因此没有明显的植物垂直分布差异。无锡现有的山林以次生林为主，主要分为自然林、人工林，以及两者共同作用的林地。在进行植物配置时，要结合以上林地特性和当地特点，考虑林地生态环境的稳定性。除了次生林外，还有许多果林和经济林，植物配置时也要考虑乔木、灌木、草本和藤本植物的垂直绿化搭配种植。

在无锡地区滨岸环境中，江南气韵和水环境息息相关，而滨岸绿化的搭配种植是水环境营造的重点。在进行植物配置时，要根据不同的水体形态，选取不同的植物营造滨岸绿化景观。总体原则以乡土植物为主，采用自然生态的布局形式，通过乔木、灌木、草本、藤本、水生的垂直分层种植模式，打造防止水土流失、具有水乡韵味的共生景观，构建有梯度的多样生物体系。

# 二

## 季相搭配四季有景

季相变化是植物随着季节不同而发生形态和颜色的变化，会引发人们对不同时节乡村景观的记忆联想。为满足人在各个季节对植物景观的审美需求，植物的种植搭配也需要考虑到季相的变化。植物在进行季相搭配时，应优先选用乡土景观植物，通过色彩丰富、形态多样的树种搭配，创造出四季皆宜的环境。林地作为乡村景观的远景，树木不同季相的表现同样能展现不同的韵味，"层林尽染"就是山林景观所表现出来的宏大背景。

对于无锡的山林来说，既有自然林，也有人工林，也有两者兼而有之的林地。自然林以混交林为主，季相变化明显。而对于季相表现单一的人工林，则优先采用本土景观树种进行搭配，实现"春有花开、夏有果香、秋有彩叶、冬有翠绿"的季相景观变化。

# 三

## 形态搭配错落有致

在无锡乡村植被景观风貌塑造中，植被的形态搭配也是重要组成部分。不同外形特征的植物组合，形成了不同的空间形态，从而产生不同的空间韵味。其中，林冠线和林缘线对于植物的形态以及环境氛围的营造发挥着关键作用。林冠线是指水平望去树冠群落与天空的交际线，控制了乡村远景天际线。通过选用不同树形的植物组合做背景，如塔形、柱形、球形、垂枝形等，协调控制天际线景观，展现独有的韵律美和节奏美，柔化建筑轮廓等人工天际线的单调和呆板。植物搭配时，注意选择合适尺度的植物，考虑与建筑主体的比例及主从关系，以及烘托重点建筑主体，和山脊线遥相呼应。

林缘线是指树林边缘上树冠垂直投影于地面的轮廓线，重点营造近景景观。通过种植冠幅、叶色、叶形、质地各异的乔木，配以带状或点

状分布的灌木，在立面的视觉效果上形成"乔、灌、草"结合的立体绿化形式，营造生动的林缘线。在空间的营造上，林缘线蜿蜒曲折，形成曲径通幽、柳暗花明的诗意效果，并通过合理的乡土植物配置，体现无锡特有的江南风情。

### 4.1.3  突出水网体系

无锡地区河流湖泊众多，水网体系是其环境提升的重中之重。有了干净清洁的水系，无锡的自然生态美学才能得以最大化地展现。在水系治理时，应顺应当地的自然水网地形，采用当地植物净化水体，形成山清水秀的人居环境。为实现"水流通畅、水体清澈、岸坡绿化、景色优美"的建设目标，无锡的水网体系建设应当从延续水系原生格局、提升坑塘整体风貌两个方面展开。

## 一
### 延续水系原生格局

水系的原生格局即原始的河流走向。保留延续原生格局，是对原始自然环境的尊重，在乡村建设过程中应避免大拆大建式的水体改造。

首先，梳理河溪廊道现状。明确河道管理边界，加强水岸规划定位和控制，从规划管控上防止污水直排。

其次，保持河流原始走向。无锡乡村的河流走向主要呈现蜿蜒曲折的总体特征。河道治理应依照河势进行，保持局部弯道、深潭、浅滩、江心洲以及河滨湿地等自然生态格局的多样特征。

第三，明确河道功能定位。自然景观类河道，在进行植物景观优化和水体净化后，应尽力保持河流的自然流向和原始特征；旅游观光类河道，应深挖文化内涵，对沿河桥梁、建筑、景观小品进行美化，集中展现江南水乡意蕴美。

第四，综合加强水系连通。以河流为脉络，以村镇为节点，充分利用水系线状连通的特征，串联河与湖、村与村、村与林、村与田，综合统筹无锡全域农村生态水系，打造"河湖通、流水清、沿岸美"的水美乡村。

二

提升坑塘整体风貌

无锡的坑塘主要分为村塘、田塘及养殖坑塘。鼓励退塘还湿，满足地区污水净化、蓄水排涝、生物多样性保护等需求，优化坑塘斑块。

无锡乡村坑塘形态多样，有人工开挖的规则形态，也有自然形成的天然曲线形态，功能上也包含了种养殖、蓄水、景观绿化等多样功能。治理过程应确定坑塘功能，对于具有经济价值的，保留坑塘原始实用功能定位，不过多改造坑塘形态格局；对于废弃坑塘采用"退塘还湿"，增加坑塘与各级河道之间的连通性，水系联通不仅有利于提升防汛能力，还能形成林、塘、田交错布局的丰富景观层次。

对于确定改造的坑塘斑块，可强化其生态特性。尤其针对存在水体污染、丧失利用价值的坑塘斑块，建设生态湿地小品、打造湿地污水处理系统，发挥湿地的多种生态服务功能和生态效益。

### 4.1.4 塑造农田景观

农田之美是农田景观所表现出的生活价值美学。塑造农田景观，打造田园风情美，具体体现在农田整齐连片，作物布局合理，棚舍规范整齐，打造田间生态景观、农田林带，使之与农业生产环境、村庄环境相融合、相协调。

一

突出农田肌理

保留农田斑块，就是保留关于农耕劳作和乡土文化的历史记忆。突出耕作肌理，就是强化无锡乡野之美和本土农田耕作特色。

圩田景观是无锡农田景观的典型代表。圩田以圩堤、河渠、堰闸为核心的形态结构，以分区分类为特色的土地利用模式和与圩田水利紧密相关的聚落分布特征，形成了圩田格局。作为一种农业景观，圩田的美学价值在于其水岸交错的外在形式以真实的生产功能为基础。这种由功能外化于形式的美感，是圩田美学的价值所在。

二

推广循环种植

循环种植就是根据不同作物的特性，利用生长过程中的时空差，实行间种、套种、混种、复种、轮种等种植模式，形成多种作物、多层次、多时序的立体交叉种植结构。循环种植不仅解决了冬季农田闲置的问题，还完成了景观优化、经济增收等多种功能。无锡乡村应以实际产业情况，合理推广循环种植，推行生态轮作。

三

构建农田林网

农田林网的植被种植区域一般为农田的四周、田间主干道、河道岸坡和灌溉泵站周边空地。乡村建设过程中，应鼓励田林相间、田林斑块交织的农田防护林种植体系，大力发展护渠林。农田林地间作套种，从生态角度出发有利于保持水土、涵养水源，从美学角度出发弥补了田地单一的种植景观模式，丰富了观赏体验。

## 4.2 聚落美学：乡村美学的载体

聚落美学是在无锡乡村人居环境干净、整洁、秩序的整治成果基础上的进一步提升，从统筹村庄格局、提升建筑风貌、完善路网交通、优化景观空间、整合环境设施几个方面具体展开。

### 4.2.1 统筹村庄格局

村庄的格局形态受自然条件、区位特征、文化特色和规划历程等多种因素影响，其中自然条件、生活习惯和耕作方式决定了村庄的基本格局。

梳理村庄形态

无锡传统村庄布局大体呈现出阡陌纵横的平原村庄、蜿蜒起伏的山地村庄和沿水生长的水网村庄三种类型。

　　平原村庄，村在田中。无锡平原村庄应充分利用围绕村落的农田资源，将村庄融入其中进行整体田园环境的塑造，形成"村在田中、田在村中"的景观格局，近处有田，远处有村，延续村田相间的村落环境。充分利用围绕村落的作物资源，在保护生态资源的基础上，可尝试将其作为大地景观融入村庄环境的塑造之中，充分展现广阔的农耕图景，呈现生机勃勃的田园风光。

山地村庄，依山而建。无锡西南部多是利用天然的地形起伏而顺势发展的山地村庄，蜿蜒的道路串联起整个村落。山地村庄的布局发展应依山就势，依托低山丘陵起伏变化的地势特征，形成层次分明的空间界面，彰显出阡陌交通、曲径通幽的传统山村特色。

水网村庄，临水而居。水网村庄主要分布在无锡中部的环太湖地区、北部的沿长江高沙平原地区以及南部的水网平原，由于地理特征的差异形成了湖荡、圩区等不同的村落形态。

水网村庄应重点保护村落与水系的共生关系，保持水环桥拱、枕河而居的水乡格局。民居建筑应沿河布局、沿水生长，以水作为乡村聚落的构成主体，同时对于"前街后河""临河骑楼"等传统规划格局应予以保护和传承。

# 二

## 明确发展定位

乡村应结合自身资源禀赋明确发展定位，再根据发展规划和定位进行村庄布局优化。

特色产业型村庄：依托自身特色产业，合理安排生产性服务设施，支撑乡村特色产业的发展，注意依托特色产业打造特色景观，为探索"农业+"的多样发展路径提供条件；

历史文化型村庄：对于传统风貌保存较好的村庄，应采取保护优先、兼顾发展、合理利用、活态传承的原则。妥善处理保护与发展、新建筑与旧建筑之间的关系，传承历史文脉的同时为发展文化旅游及相关产业预留空间；

自然景观型村庄：融合城乡资源，规划生态宜居型村庄。充分结合自然环境优势，引导村庄与自然景观相融相生，作为城市的"后花园"，为发展自然生态旅游和康养文旅等新型业态提供支持；

环境改善型村庄：环境改善型村庄主要围绕现代农业发展而形成，在改善居住环境、完善配套服务设施的基础上，整体提升村民居住感受，根据自身特色寻求发展重点。

# 三

## 合理规划布局

规划村庄布局是指通过对建筑、道路、设施、景观等要素进行合理设计，形成完整、合理、宜居的整体环境。无锡乡村规划布局在严格执行国家村庄规划标准、充分考虑村庄发展定位与规模指标的基础上，结合地形地貌、山体水系等自然环境条件和居民生产生活的实际需求，合理控制村庄规模，避免村庄建设无序扩张，侵占农田及

林地。对于确需集聚较大规模的新建、扩建村庄，宜实行组团化布局，结合河流水系、树林植被、道路网络和村庄原有社会结构，划分为若干大小不等的住宅组团，形成适宜的规模尺度。

以现状地形地貌和景观特色要素为脉络。在远眺视域中，村庄因地制宜、随形就势的形态特征和秩序统一的建筑座向构成了独具魅力的整体景观。村庄应结合河塘、高大树木、桥、塔等标志物，通过曲折、进退、对景等设计手法营造错落有致的空间形式。避免城市小区布局模式，以及机械的"兵营式""行列式"布局。

规划新建型村庄或优化村庄形态时，要合理确定乡村边界，避免边界简单、机械、生硬。在地质稳定、环境安全的地段选址，并符合国土空间规划、生态环境保护规划等相关规划要求。避开滑坡、地陷、崩塌、行洪区、蓄滞洪区等存在地质、自然灾害隐患的区域。

在道路规划中，应尊重路网肌理，优化村庄框架与格局。新建道路应延续无锡乡村水街相间、幽巷通岸、临水而居的特色格局，实现对地区院落形式和村落肌理特征的延续。

建筑组群应以自然环境条件为基础，建设有利于村民生活、休闲、交流的空间。通过围合、半围合、开敞等多种空间类型以及线形、块状、面状等多种空间形态，营造丰富多样的建筑组群空间。可通过村宅间的间距变化产生交错排列、单元错拼分隔等更灵活的组合方式。

### 4.2.2 提升建筑风貌

无锡的乡村建筑基本保留着典型江南水乡民居的风格，呈现出白墙黑瓦、屋面延绵、山墙起伏、界面有致、虚实相间、装饰雅致和质朴天然的特点。乡村建筑风貌提升应主要从协调新旧建筑、优化建筑设计等方面着手，打造兼具乡土风貌和地域特色的"新江南人家"。

一

协调新旧建筑

妥善处理好新旧建筑的关系，遵循保护优先、适度改造、审慎新建的总体思路，以存量建筑的空间激活和原有环境的生态修复为主要切入点，合理延续原有村庄的肌理，注重新旧建筑在空间尺度、街巷格局、建筑体量、色彩风貌等方面的协调关系。

对于村庄中传统风貌保护较好、传统空间布局相对完整、时代特色较明显的旧建筑，应优先采取保护与镶补的策略，通过修复将这些能凸显乡村文化的历史建筑改造为展示地方文化的窗口。因此，在选择改造对象时，除了具备历史文化价值，还应综合考虑该建筑所在区位、周边环境和改造后的新功能。在改造时应注重借鉴传统乡村营建智慧，用好无锡本地乡土建筑材料。

对于新建筑，不应追求单体的精致华丽、形式出挑，而胜在对于文化的传承，以及和传统旧建筑的风貌协调。在传统资源中汲取营养，梳理提炼传统建筑要素，通过传承、转译、再创作等手法，塑造地域建筑风貌特色。

# 二
## 优化设计手段

在继承无锡传统建筑"清、雅、精、巧、柔"的精神意蕴，延续整体风貌特征的基础上，进一步提升和优化设计手段，推动无锡乡村建筑科学、有序、健康发展。

首先，在功能定位方面。对于生活居住类建筑，宜通过民居内部空间的整合置换，或经批准后进行适当加建、扩建，使民居功能与村民现代生产、生活需求相匹配；对于闲置改造类建筑，依据其地理位置，在满足结构安全、消防安全等前提下，尽量保留原建筑外观肌理，添置新的功能，改造为村庄公共建筑或其他经营性建筑，如村民活动室、图书室、村史馆、民俗馆、民宿、餐饮等。

其次，在空间尺度方面。现有民居应遵循原有聚落肌理的思路，在不影响周边街巷空间的基础上，根据实际情况进行改建、扩建。应注重建筑与周边自然环境的映衬关系，以及与周围山水的完美融合。建筑组合应当错落变化、层次丰富。屋顶应尽量延续传统坡屋顶的基本形式，提炼和简化传统屋脊样式，结合现在工艺和材料。有条件的乡村可采用"主房、辅房、院落"的有序组合，打破单一的建筑形态。

第三，在色彩与材质方面。色彩选择上宜延续无锡乡村传统建筑色彩，选用柔和中性的色调，乡村主色调应尽量突出江南意蕴，注重乡村与自然环境的和谐，尊重村民意愿、征求村民认可。颜色选择可依托地方材料的本色，大体呈现出以白色为主，灰黑色、深咖色、灰褐色、青灰色和原木色为辅的整体效果。

建筑材料应尽可能延续已有材质，并搭配选择夯土、机制青砖/红砖、机制小方瓦/红平瓦/绿筒瓦、木、水泥、玻璃、铁艺等现代材质，以及竹、石等乡野元素。

第四，在门窗及细部装饰方面。门窗形式宜遵从当地传统民居形式，适当设置窗套、窗花、窗楣等装饰构件，同一建筑的门窗尺寸、色彩、形式、材料和开启方式宜尽量统一。

在进行装饰时，建议以装饰纹样结合具体装饰部位进行转译再利用，在墙体和屋脊、山花、檐口、层间、门窗、勒脚等部位运用传统及现代文化元素进行装饰。可以使用彩绘、雕刻等呈现方式，材料尽量选择建造过程中已使用过的材质，保持整体和谐统一。

### 4.2.3 完善路网交通

无锡村庄中的道路系统将村落组团串联起来，构成了整个村庄聚落的骨架。完善村庄交通体系，加强农村道路两侧的环境整治以及沿路景观优化建设是勾勒美丽乡村意境的重点。村庄道路应结合村庄规模、地形地貌、村庄形态、河流走向、对外交通布局等各项要素，同时顺应现有村庄格局和建筑肌理。

一

优化路网体系

无锡乡村道路多与水网相互交织。优化路网体系，可结合村庄的水系分布特征和具体发展需要，推进乡村公路、城镇道路和村内道路的衔接，加强村庄内部道路建设。

以现有路网、水网肌理及走势为基础，在保持道路与自然环境有机结合的前提下细化路网布局，明确村庄内各类道路等级，形成主次分明的道路系统。根据主从关系进行分级规划与设计，补充构建生态绿道，控制道路节奏，营造层次美感，保证"整体连贯"与"局部突出"的路网空间感受。

村内道路宜经济适用、简单有效，道路线型顺应地形地貌、形态肌理，有效串联周边山林、农田、溪流等自然要素，形成较好的景观效果。对于具有风貌特色或历史痕迹的乡道、体现历史沿革的农村公路，不宜随意拓宽和改建，应保护好道路及两侧的历史和景观特征。

## 二
### 功能与审美并重

无锡乡村道路应兼具交通与景观的双重功能。遵循形式美的原则，根据划分的道路层级从整体的节奏韵律考虑，设计不同的植物配置与路面铺装，采用对比与调和的思路优化道路风貌。

村内主要道路和次要道路的路面材质应以混凝土或沥青路面为主。村落中的传统街道，宜尊重历史原真性，应保留原本铺装材质，并延续传统巷道的铺设方式，如青石板路面、砖铺路面、拼合路面、嵌草路面。宅间道路依据具体情况，可参照乡村特色道路的方式进行打造。路面鼓励采用彰显乡土气息的砂石路面、泥结碎石、素土路面等透水材质。田间道和生产路应满足农业机械化生产要求，鼓励采用砂石路面、泥结碎石和素土路面，满足透水要求。兼具游憩功能的道路宜采用沥青路面、木栈道、生态步道等铺装形式。

特定风貌区域内的道路，宜采用与环境景观充分协调的路面材质。生态保护区内的道路，应优先采用生态环保的路面材料，也可采用木栈道、夜光步道、生态步道等铺装形式。

停车场地的设置既要满足机动车的停放需求，也要能够控制外来车辆进入村庄内部，尽量避免打扰村民的日常生活。停车场地宜采用生态建设方式，在注重景观绿化营造的同时，提倡"一场多用"，兼具文化活动、创意集市、农作物晾晒等功能。

### 4.2.4 优化景观空间

乡村景观空间是乡村美学的重要部分。景观空间的营造既是提升乡村居住环境的手段，也是展示本土文化的窗口。

一

完善景观体系

在乡村景观空间建设中，应重点梳理现有景观资源，将传统乡村聚落相对分散的景观节点，纳入系统的景观体系中，构建能够串联村庄景观元素的景观网络。通过有机串联公共活动场所、原有的景观景点、需要保护的历史文化遗迹及周边环境等各类空间，加强标识和指引，形成富有传统底蕴的文化探访线路。同时，应充分考虑景观空间节点布局的可达性，将景观空间与乡村绿道、水系、街道相衔接，

形成完善的景观体系。另外，还应通过打造核心景观节点，以点带面，提升村庄景观的整体价值。

<h1 style="text-align:center">二</h1>

打造公共景观空间

村庄公共景观空间建设要关注村民日常交往、习俗礼仪、商贸集市等多元的现代公共活动需求。公共空间可以采用分散式布局，结合村庄主要活动流线，形成公共空间序列，也可以依附公共建筑集中建设。

首先，乡村中的公共活动场地是村民日常交流聚会、举办各类文化活动的重要空间。结合村庄布局和主要交通流线，公共活动场地的选址应优先选择较宽阔的闲置空地，或利用历史遗存保存较好，且能够承载乡愁记忆和归属感的标志性元素如古树、古建等建立空间联系。

其次，村口空间是对外联系的交通节点，也是"乡愁"情感寄托的重要载体。村口应体现标识性、独特性，乡土自然体量适度，体现地方特色。从物理层面，村口空间传递着当地乡土特色；从精神层面，它是一张名片，承载着村民的认同感和归属感。因此，村口空间应着重整体设计，首先要易于识别，结合当地文化符号反映本村基本信息，体现地方性和独特性，保证标识性。

第三，生态驿站作为乡村绿道或景观廊道中间提供休憩服务的站点，常设置于田园、林间、池水岸边等农耕场所或街头巷尾的空地中，是人们领略乡村生活最直观的场所，也是乡村景观空间构成的重要体现。生态驿站应包含服务设施和文化体验多种功能，通过建筑和标识系统的设计传递当地特色产业和农耕文化，从视觉呈现到亲身体验，全面感受乡村的资源特色。

## 三
### 优化水体驳岸

水体驳岸是无锡乡村景观空间的重要组成部分，人因为亲水性而热爱滨水活动，无锡也因浓郁的水乡风情而闻名于世。优化水体驳岸，主要应从水景营造、驳岸建设等方面着手。

首先，水体本身具有很强的观赏效果，从视觉、听觉、触觉出发，可以形成"可观、可闻、可触"的互动性水体景观。在进行水景营造时，应结合地形及景观特征，打造不同效果的水体景观。在视野开阔的地区，可设置主题性或标识性较强的水体景观雕塑；在幽谧的森林，可以根据高差设置跌水瀑布，欣赏水流声音，营造水的"五感"体验。

其次，在驳岸建设过程中，应避免溪流、沟渠的硬化过度，为增强水体的自然生态修复功能，保障生物的多样性，宜建设"可渗透性"的生态驳岸。生态驳岸可以充分保证河岸与河流水体之间的水分交换和调节，同时也具有一定的抗洪强度。同时，生态驳岸对河流水文过程、生物过程还有着传统人工硬质驳岸无法比拟的优势，例如生态修复、调节水位、增强水体自净能力、提高生物多样性等，生态驳岸的价值更为突出。

# 四

## 融入乡村艺术

在无锡乡村的美学建设中，应邀请高水平艺术家深入乡村，鼓励艺术家和本地村民合作，共同进行艺术素材的采集、调研并进行创作，展示体现乡村生活文化内涵。

无锡乡村的乡土文化依赖于无锡独特的地域风貌，唤起村民对于村庄之美的感知与认同，直接捕捉村庄中的"瞬间"，是最直接的艺术表达。例如，引导村民使用麦秸秆、渔网等具有无锡乡村农耕地域特色且容易获得的材料，借助艺术的力量进行再创作，转译成形式多样的景观小品、艺术装置或雕塑作品，植入公共空间。

同时，应积极邀请艺术家以设立艺术工作室或是美术馆的形式驻扎于乡村，用群体性的艺术氛围长期助力乡村建设。梳理传承并积极提供承载非物质文化遗产展示的空间。利用带有文化记忆的历史场所，适度更新改造，扩大空间，配置绿化，使之成为农耕文化、节庆活动、民俗工艺的核心展示空间。结合公共建筑与公共空间，营造展现民风民俗、民间艺术等非物质文化活动的重要场所。对非物质文化遗产代表性项目集中、特色鲜明、形式和内涵保存完整的特定区域，实行区域性整体保护。

另外，应加强非物质文化遗产和艺术文旅活动的宣传展示，定期有序地举办个性化文旅活动。在文化遗产所在乡镇结合宣传、展示等活动，使非物质文化遗产在时序及地域上能被传承、追溯与光大。

### 4.2.5　整合环境设施

乡村环境设施是乡村生产生活与自然环境有机结合的产物，也是乡村生活品质的基本体现。无锡乡村面向未来的环境设施美学升级除了优化其外在形式，更应注重乡村居民的使用情况和整体感受。改善和整合环境设施，既能助力打造以人为本乡村生活，整体提升乡村居民的幸福感，也是保证乡村可持续发展的基础。

一

完善公共服务设施

乡村的公共服务设施主要包括健身休闲设施、卫生设施、照明设施、公共标识设施等。

健身休闲设施应主要设置在村内公共活动区域，如广场、公园、河湖岸边等休憩空间。健身器材、公共座椅宜选用安全、耐久的材料，造型以简洁为主，宜结合无锡地域文化元素稍作装饰。

生活垃圾转运站、公共厕所等卫生设施的建设改造是乡村治理的难题之一。从美学营建的角度，除了功能上满足建设标准，还应适当结合村庄公共设施和公共绿地布局，采用绿化植被遮挡等方式，减少对周边的影响。公共厕所应干净整洁、经济节约，避免求大、求洋。外观应与村庄整体风貌协调，鼓励使用乡土材料，形成乡土特色。

乡村照明设施除了路灯，还包含地灯、景观灯带等亮化设施。改造和修复村内现有路灯，根据实际情况增补照明设施，首先确保满足基本的村庄亮化。经济条件允许的情况下，可在村内重要节点设置景观照明，突出照明主体建筑或物体。主要交通道路和宅间道路应选用不同高度的路灯，增补的路灯宜采用节能型灯具，或太阳能灯具。造型装饰方面，按照不同乡村特色设计灯具的外形，注重艺术造型和文化表达。

标识系统是乡村公共设施的重要组成部分，优质的标识系统能为乡村环境助益增色。村庄的标识种类不宜过多，应保持风格一致。村庄内重要节点和公共空间都应设置便于识别的路标路牌，如村口、交叉路口、主要道路转角、标志性构筑物旁。以发展观光旅游业为主的历史古村，应合理布置交通引导标识，结合古村落群的游览线路、景观节点、服务设施、特色民俗等进行设置。标识设计应兼具艺术性和规范性，逻辑清晰，游客能简明扼要读懂其中关键信息。

宣传告示栏一般应设置在村委会或人流聚集的公共场所，主要分为独立式和墙挂式。宣传栏在保证所传递信息易于辨别的前提下，宜采用天然石材、防腐木、金属、玻璃等符合乡村地域文化气质的材料，充分体现当地特色资源和乡土风情。

<h1 style="text-align:center">二</h1>

<h2 style="text-align:center">美化市政设施</h2>

市政设施是指村庄中给水、排水、能源、通信等设施。美化市政设施主要是遮蔽掩盖其突兀造型，弱化其工业感，与整个乡村形态融合。独立设置的市政站点，其建筑风格、色彩与材质应与当地建筑的总体风貌相一致。体量较小的市政站点与设施，应积极尝试采用覆土建筑或立体绿化等设计手法，与周边环境融为一体。对既有设施站房，宜种植乔木、灌木、攀缘植物等进行绿化遮挡。

对于设立在乡村的设备设施，在保证其正常运转的前提下，应做到远离景观节点，用绿化进行遮挡。通信基础设施建设，应考虑环境美观，将电力线、电话线、电视信号线"三线入地"，避免私搭乱建，影响环境美观。

产业兴旺是乡村振兴的基础，是解决农村一切问题的前提。基于无锡乡村良好的农业资源和经济基础，以『美学经济』为乡村产业高质量发展的新动力。美学经济是将审美要素融入商品当中，以提高商品文化附加值或者通过向消费者提供审美服务，使消费者收获审美愉悦，从而获得利润的经济形态。伴随着新时代的消费升级，美学价值在产品设计生产、企业品牌塑造、产业链拓展延伸中发挥着越来越重要的作用。

产业兴旺是乡村振兴的基础，是解决农村一切问题的前提。基于无锡乡村良好的农业资源和经济基础，以"美学经济"为乡村产业高质量发展的新动力。美学经济是将审美要素融入商品当中，以提高商品文化附加值或者通过向消费者提供审美服务，使消费者收获审美愉悦，从而获得利润的经济形态。伴随着新时代的消费升级，美学价值在产品设计生产、企业品牌塑造、产业链拓展延伸中发挥着越来越重要的作用。

无锡乡村美学经济把握住文化创意、生活美学、深度体验三大增长点，将审美要素合理嵌入经济生产的各个环节，推动乡村空间生态和人文资源的价值化，打造可观（农业观赏）、可尝（品尝农业产品）、可劳（劳作体验）、可育（自然教育、美学教育）、可购（购买农副产品）、可住（民宿）的乡村美学经济体。

## 5.1 "美学经济"作为新驱动

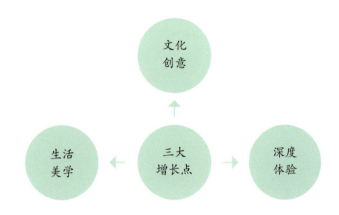

无锡乡村美学经济三大增长点

从两方面着手发展无锡乡村美学经济：一是将文化和审美要素融入已有产业中，以提高商品文化附加值；二是向消费者提供审美服务，使消费者收获审美愉悦。通过"传统产业美学化，美学资源产业化"的发展路径，升级改造原有产业，着力打造新型美学经济。从美学价值创造和提升文化附加值的角度考虑传统产业、优势产业、新兴产业的优化重组。结合自身禀赋挖掘美学资源，传播江南乡村生态环境之美、特色产业之美、生活方式之美、历史文脉之美，打造包括休闲、娱乐、教育、康养、文创等在内的无锡最美乡村旅游品牌；鼓励美学设计和创新、重视乡村美学体验，形成无锡乡村产业的新格局。

## 5.2 传统产业美学化，提升文化附加值

无锡农村在打造"一村一品"的基础上通过产品包装设计、挖掘品牌故事等方式塑造乡村知名特色品牌。依托农业打造"全农产业链"，选择资源条件较好的地区探索产业融合新模式，提升传统产业的文化附加值。

### 5.2.1 形成特色农业品牌

无锡乡村以精品高效农业为方向，重点打造优质稻米、精细蔬菜、特色果品、名优茶叶、特种水产、花卉园艺等六大主导产业。进一步做大做强水蜜桃、茶叶、"长江三鲜"等名优品牌产品，积极保护和发展百合、水芹、芋头等地方特色产品，创新培育彩色苗木、淡水龙虾等高端新产品,因地制宜创建一批国内外"叫得响"的知名农产品品牌。

重视农副产品产前、产中、产后的各个环节。产品优质是品牌化成功的首要因素，从种养开始就对品种进行研发改良，提升粮食果蔬的色泽、风味、香气、外观、口感等要素，鼓励做深加工产品，实现"味道美"；生产中严格把关，保证"质量美"；销售中注重外包装、品牌标识的设计，注重品牌营销策略，推动产品"声誉美"。

塑造品牌声誉是农副产品在同类产品中获得竞争优势的重要方式。以无锡乡村特色资源为核心，通过品牌定位、品牌设计、品牌传播、品牌管理与创新等步骤稳扎稳打，培育一批"锡"字号特色品牌。

## 明确品牌定位

品牌定位指为产品确定适当的市场位置，确定合适的目标消费群体，通过输出品牌文化价值、核心理念等方式与特定消费群体建立内在联系，使消费者产生消费需求时第一时间想到该品牌。只有确定了品牌定位，才能围绕相应定位进行品牌产品的包装、设计与营销，从而在同品类产品中脱颖而出。

## 二

### 注重品牌设计与形象塑造

以品牌定位为基础，将无锡农副产品的核心竞争力通过品牌名称、标识、宣传口号等要素展现出来，围绕品牌定位进行规划和设计，体现品牌的文化内涵与价值。

农产品包装是品牌文化输出的终端。从材料与工艺、造型与结构、视觉与图形等维度考虑农产品包装设计，顺应当代消费者文化消费的需求，提升农产品文化价值。鼓励将无锡乡土材料运用在农产品的包装上，突出"锡"字号特色；鼓励产品包装造型元素从无锡当地历史故事、风土名胜、文物古迹等资源中提取；鼓励在产品包装的文字、色彩、图形等视觉元素的设计方面凸显无锡地域特色、农产品品牌理念等。

挖掘塑造品牌故事。品牌故事在产品传播中起到重要作用，通过品牌故事传播"锡"字号农产品的价值、使命、情怀与文化。品牌故事可以根据具体情况，通过突出原产地自然生态优势、突出品牌的悠久历史或突出励志名人的创业故事与传奇经历等方式，实现品牌构建与增值的目标。

成功的营销传播手段能够大大提升品牌知名度和影响力。在农产品品牌的营销和传播过程中，应综合运用多种传播渠道扩大品牌知名度。推进以农产品为主题的节庆、会展等活动，通过葡萄节、水蜜桃节、采摘节等形式促进农产品品牌的宣传和推广。

四

品牌管理与维护

对于已经获得一定知名度和美誉度的农产品品牌，应注重对品牌价值的持续管理和维护，包括品牌商标的保护、产品质量的把关、员工管理、消费者反馈等内容，尤其注意抓住新的消费需求，对品牌进行延伸与拓展。

## 5.2.2 打造农业全产业链

充分发挥农业多种功能推动"农业＋"，形成主导产业带动关联产业的辐射式产业体系，提升农业产业链整体效益。围绕区域农业主导产业，打通研发、生产、加工、储运、销售、品牌、体验、消费、服务等各个环节，涵盖龙头企业、农民合作社、家庭农场、农户以及育种公司、农资供应、科研团队、技术培训、生产服务和担保贷款等多个主体。鼓励农村根据自身资源发展共享农场、现代农业园、农业观光园、亲子农园、农耕文化体验园等形式。

# 一

## 鼓励创意农场

创意农场是创意农业的典型模式，创意农场能够融合种植、餐饮、住宿、加工品等多个环节，有效提升传统农业及其衍生农产品附加值，优化配置农村资源并增强农业市场竞争力。创意农场可结合自身特色和亮点设计消费项目，构建自身的盈利模式。例如农场会员制、认种认养制、农耕体验、科普教育、主题节庆、动物游乐体验、特色住宿、餐饮服务等。

# 二

## 选择资源条件相对较好的地区规划田园综合体
## 建设具有示范引领性的现代产业融合新模式

引导资源条件较好的无锡乡村，依托自然禀赋和农耕特色，发展休闲农业、乡村旅游、自然教育、康养文旅、文化创意等新业态，探索田园综合体的新型发展模式。田园综合体特色在"田园"，关键在"综合"。

因此发展过程中应注意将农业生产作为基础，新型产业基于农业有序展开，最终围绕多种业态形成凝聚乡村居民和外来游客的田园社区，使乡村空间成为村民的安居之家、乐业之地、待客之所。

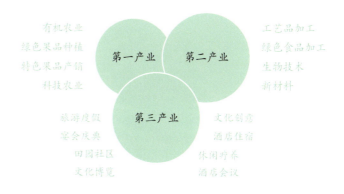

田园综合体三产融合的发展模式

田园综合体是以农民合作社为主要载体、让农民充分参与和受益，综合大型生态农业＋旅游休闲度假＋田园生态居住的产居融合新模式。该模式的主要特点是通过各类新产业的叠加，发挥乡村的潜在能力，在农业种植之外，赋予乡村生态、休闲、文化传承等多种功能，拓展并重新激活乡村价值。

## 5.3 美学资源产业化，形成新的增长点

推动无锡乡村自然生态、历史文化等美学资源向价值化、产业化方向发展，支持文化创意产业和文化旅游产业成为乡村经济新的增长点。

### 5.3.1 支持文化创意产业

大力发展乡村创意设计产业，尤其鼓励围绕农业农村展开的创意设计活动。推动历史文化资源活化为工艺美术品、艺术品等商品。

一

创意节庆及文化演艺活动

乡村节庆活动是乡村文化传播发展的有效途径，既能打造特色的乡村文化氛围，又能提升游客对在地文化的深度理解，增强体验感。鼓励乡村围绕传统民俗、特色农产品组织丰收节、开窑节等。节庆活动中可以通过乐舞展演、祭仪仪式、特色美食、手工艺品展售、展览等方式，全方位、多角度展现乡村独特的文化内涵。

二

工艺品及文化创意产品

围绕乡村民俗特色、地域特色、乡土特色，形成具有一定纪念或收藏意义的工艺品或文化创意产品。拥有传统手工艺制作技术的村庄大力发展家庭作坊进行生产销售，营造集生活、生产、服务功能于一体的村庄空间，拓展村庄经济发展渠道。

乡村手工艺凝聚了乡土的造物哲学、材料工艺、价值观念和审美情趣，乡村文化创意产品应注意将手工艺作为农村创意产业的重要组成部分，促进手艺人、设计师、营销者的多方合作，使乡村手工艺在完善的产业机制中得到进一步发展。

三

"一乡一物"非遗文化传承与创新工程

加强对乡村非物质文化遗产的活态传承，积极探索生产性保护新模式。将农村非遗文化作为创意产业的资源池、素材库，通过创新设计、打通流通销售渠道，让乡村"非遗"走进当代大众生活。

乡村非物质文化遗产的传承还可以通过建设数字化非遗经济平台实现，或通过打造文化艺术类社交交易服务平台，展开围绕非遗文化的商品消费和文化传播活动。

### 5.3.2 促进文化旅游产业

随着城市人口的消费迭代升级和新冠疫情冲击下远距离旅游的不稳定性，近距离、短行程、高频率、深体验、慢休闲、高品质的旅游项目成为乡村经济新的增长点。大力发展乡村特色主题旅游，融入乡村传统文化元素，开发特色化、差异化、多样化的乡村旅游产品，结合乡村特色资源打造一批高质量文旅线路，实现无锡乡村全域旅游的目标。积极发展农业体验活动，培育精品民宿等市场主体，畅通农产品销路渠道，拓展村民收入来源。引导村集体经济积极主动有序投入乡村文化旅游的开发。

# 一

## 开发主题旅游

无锡乡村与城镇距离近，大部分村庄都处于市镇 30 分钟车程范围内且交通网络发达，区位优势在当前短途旅行、周末"微旅行"的新趋势下成为得天独厚的发展契机。符合下列六项标准的乡村应将旅游业定位为重点发展产业：①文化和旅游资源富集；②自然生态和传统文化保护较好；③乡村民宿发展基础较好；④旅游产品体系成熟，质量较高；⑤基础设施和公共服务较完善；⑥就业致富带动效益明显。

发展乡村旅游应注意结合自身特色进行主题策划，满足消费者多样化的休闲度假需求，规划红色文化游、绿色生态游、水韵风情游、古韵乡愁游等主题旅游线路。主题策划可参考无锡乡村美学意象，结合自身文旅资源串点成线，构建主题线索。打造多元特色的旅游场景，创造性地开发"旅游＋美食""旅游＋农业""旅游＋艺术""旅游＋体育"等多业态融合性旅游产品。

# 二

## 打造深度体验

审美是人与世界接触时产生的直觉体验，乡村之美也彰显于体验。在体验经济发展的大背景下，旅游消费需求呈现出由"走马观花"的观光游向"深度体验"的精品游转型的总体趋势。无锡乡村文化旅游应以乡土风情为基础，注重开发互动性高、参与性强的文化项目。开发过程中注意以下几点：①重视统一规划，追求差异优势，避免重复无序的旅游项目建设。②形成整体联动，避免分散经营。游客一般不会满足于某一项有限体验，通过多点整体联动形成连带效应。③加强各旅游节点服务设施和服务水平建设。布局商业购物、观光交通、食宿接待、娱乐项目等旅游配套设施，为消费者提供个性化、高质量的旅游服务。

# 三

## 打造精品民宿

重视乡村民宿的规划设计。乡村民宿不应照搬城市酒店宾馆的形制与规模，也不能简单理解为"餐饮＋住宿"的简单组合。乡村民宿的底层逻辑是盘活闲置农房、发展乡村共享经济，连带推动乡村"厕所革命"、垃圾分类和特色产业的发展，以民宿串联临近观光点，扩大游客活动半径，服务于无锡乡村全域旅游的整体目标。

以民宿为发展重点的村庄应首先确定自身的资源禀赋。临近自然风景区或人文历史资源丰富的乡村应对闲置土地和房屋进行全面摸底调查，有序盘活闲置荒地、旧村委用房、旧厂房、旧校舍、农户闲置房等，经相关部门审核后，对符合标准的新建、改建民宿房屋进行设计和建造指导。乡村民宿的核心是表达个性化的、健康的生活方式。做到民俗化、本地化、家庭化、系统化。

乡村民宿的经营模式：点状开发、串联成面，彰显个性。根据乡村基础条件不同，可采用两种民宿开发模式：一种是"针灸式"开发，对单栋或几栋民居进行改造经营；第二种是"整体式"改造，开发者以公司或集团的形式，对一个自然村或一个村庄区域进行整体改造。不论采用哪种发展模式，都应注意乡村民宿特色的塑造，形成"主客意识"，彰显个性化的情怀和态度。民宿经营应该避免建筑风格、室内陈设、菜肴品种、娱乐项目的雷同，结合当地特色农业、自然景观、民俗文化的可展示性进行特色开发。

精品民宿的核心要素是系统规划、主题策划、空间设计、情境营造的有机结合。

系统规划。民宿风格应与村庄整体风貌相协调，配合乡村公共服务中心及相关公共设施等。民宿可以与乡村产业相链接，如农家菜餐厅的饮食服务与当地特色农副产品相结合，提供当地农产品、手工艺产品销售服务、提供手工艺过程展示场所、主人带领住客参与当地特色活动等。

主题策划。鲜明的主题是形成民宿品牌，提升竞争力的有效途径。民宿主题可以结合优势资源，从自然环境、乡土文化、个人风格等角度着手打造。

空间设计。在功能完备的基础上注重景观打造。通过在公共、休闲、客房等空间区域的合理设计，使游客能充分欣赏到该地区的特殊风貌及感受到特色的休闲活动。

情境营造。注重通过材料与色彩、陈列与装饰、视觉识别系统等细节营造乡村特色。民宿设计应基于对当地文化的调研，通过提炼、植入地域文化符号的方式，将相关文化信息呈现在民宿空间中，使民宿情境更加鲜明、更具辨识度。

严格民宿经营的考察和审批制度，并进行动态跟踪管理，培育"星评"民宿。推动乡村民宿的精品化、特色化转型升级。从环境和建筑、设施和设备、服务和接待、特色等方面对民宿进行综合评价，培育一批高品质量、有特色、有影响力的民宿品牌。

<h1 style="text-align:center">四</h1>
<h2 style="text-align:center">建设康养基地</h2>

乡村康养是以健康产业为核心，集健康、旅游、养老、养生等多种功能于一体，结合健康疗养、医疗美容、生态旅游、文化休闲、体

育运动等多种业态于一体的产业模式。随着"健康中国"战略的推动，康养旅游的消费群体与消费需求也日益丰富，"避雾霾、避酷暑、避拥堵、避忙碌"的需求越来越大，乡村成为"养生、养心、养老"的最佳平台。

无锡人口稠密、城镇密集，乡村与城市之间距离较近、交通便利。乡村可以便利地利用城镇的公共服务，同时又拥有优越的自然生态环境。无锡乡村应充分利用这一优势，打造长三角健康生活后花园，建设高质量康养基地。以无锡乡村田园为生活空间，以农作、农事、农活为主要内容，充分发挥无锡森林、温泉、文旅等康养资源禀赋，宣传乡村优良的生态环境、张弛有序的生活节奏、自然恬淡的环境氛围、文明质朴的乡风民俗，围绕修身养性、回归自然的健康生活方式，发展休闲度假、文化娱乐、医疗美容、体育运动等多种业态，培养无锡特色的乡村康养产业。

田园康养的消费群体包含各个年龄阶层的人群，包括追求品质生活的健康人群、寻求养生保健的亚健康人群、要求康复治疗的疾病人群、需求度假养老的老年人群，不同群体的康养需求不同，为行业带来庞大的潜在市场。根据无锡乡村自身资源，发展不同主题的康养项目，比如田园康养主打农居生活方式；森林康养主打空气绿色富氧；温泉康养依托温泉资源；文化康养主打以文养心、禅居等模式，培育特色康养产业作为乡村经济新的增长点。

第六章 乡村美育

乡村美育是乡村文化治理的重要内容，是乡风文明建设的重要抓手。乡村美育指运用自然生态、文化艺术、民俗活动、生活方式等资源中的审美元素，唤起村民对美的追求。乡村美育的核心目标是丰富村民的精神文化生活，提升村民的道德情操，培养村民健康文明的生活理念，加强村民的思想政治教育，促使村民认识到乡土文化的价值，形成文化自觉。

乡村美育是乡村文化治理的重要内容，是乡风文明建设的重要抓手。乡村美育指运用自然生态、文化艺术、民俗活动、生活方式等资源中的审美元素，唤起村民对美的追求。乡村美育的核心目标是丰富村民的精神文化生活，提升村民的道德情操，培养村民健康文明的生活理念，加强村民的思想政治教育，促使村民认识到乡土文化的价值，形成文化自觉。

无锡乡村自然环境优越、历史悠久、人文荟萃，蕴藏着大量的美学教育资源。各级政府应有序引导社会力量和村民共同深入挖掘乡土资源的美学价值，形成由社会机构、研究机构、艺术团体和村民、村集体共同构筑的乡村美学新生态。在美育实践中应避免用城市艺术引导乡土艺术，或用艺术家的创作理念指导农民艺术实践等"单向输血"的现象，明确乡土美学与城市美学互补发展、交相辉映的独立价值，凸显乡村美育主体的多元性、内容的地方性、过程的实践性。

## 6.1 挖掘乡土资源美育价值

乡土文化是中国传统文化生长的沃土，整理无锡乡村文化遗产、传统手工艺、民风民俗、农耕文化等资源，构筑以村民为主体、独具锡乡特色的乡村美学。

### 6.1.1 继承红色基因，讲好革命故事

加强对红色文化资源的挖掘保护和整理开发，全面展开烈士纪念设施的整修工作，对革命烈士陵园的纪念碑或纪念广场等构筑物、停车场等基础设施，雕塑、绿化等公共景观等进行全面改造提升。面向社会公众展开多种类型的红色教育活动。

保护乡村红色建筑遗产，在原真性原则的指导下修复利用，将红色遗产纳入乡村文化产业发展的整体规划。加强对红色档案的整理保存和对口述历史的记录，建立乡村红色文化宣讲团队，开展讲故事、唱红歌、纳军鞋、抬担架、送军粮等红色文化传播和体验活动，传承红色基因，续写军民鱼水情。

### 6.1.2　保护乡土文化，传承历史文脉

乡土文化诞生于乡土社会，是群众智慧和创造力的结晶，具有鲜明的地域特色和丰富的美学价值。将乡土文化作为美育资源，可以同时缓解文化的传承保护难题和乡村教育资源相对匮乏的问题。对乡土文化、民间艺术展开系统保护、康复再生、活化利用，传承乡土社会的历史文脉。

一

系统保护

对祠堂、牌坊、古井、古桥、码头、戏台、古树名木等历史遗存及周边环境展开系统性保护。整理乡村风俗民情、特色产品与传统饮食等生活要素，梳理当地名人故事与历史典故，同时注重保护承载文化活动的物质要素和空间场所。保护非物质文化遗产及相关物质空间载体，加强各类非物质文化遗产展示，促进民间文化艺术的传承与弘扬。

二

康复再生

随着乡村社会不断发展和文化土壤的变化，一些乡土文化处于濒临消失的困境。对于活态传承较为困难的传统乡土文化和代表性项目实施抢救性保护，可以适当以"再生产"的模式来重建和更新传统文化。鼓励村民结合现代社会需求进行探索创新，使传统文化在新时代沃土中康复再生。

三

活化利用

对于群众基础较好、有一定社会需求、能够借助生产、流通、销售等手段转化为文化产品的资源进行"活化利用"，推动文化传承和文化旅游的协调发展。

## 6.2 构建乡村美育多元模式

"美育"是一个整体性、终身性的概念。在我国建设终身学习体系、形成学习型社会的总目标中，乡村是不应忽视的重要部分。依托无锡乡村现有文化机构和各类文化资源，坚持学校教育和社会教育"两手抓"，让无锡乡村美学深度浸润到群众的文化生活中。

### 6.2.1 乡村美学进校园

开展乡村美学进校园活动，探索"村校"联动新模式。乡村学校尤其应充分突出自身优势，就地取材、扎根民间，开展"更接地气"的美育活动，将优秀的民间传说、非物质文化遗产等内容融入美育教学当中，通过各类乡村主题实践课程及多种文娱活动，深化师生爱祖国、爱家乡的情感教育。

一

开发校本特色课程

将民间美术等非物质文化遗产资源引入制度化教育，在中小学美术课程中嵌入乡村本土材料创作活动和民间美术项目，让少年儿童在美育实践中认同地区文化、传承家乡记忆。挖掘学校周边特色乡村美育资源，开设校园和实践相结合的校本课程。使无锡乡土文化成为学校美育的特色，也促使学生亲近乡土、了解乡村。

二

突出"做中学、学中做"

鼓励学校与社会组织在乡村建立美育实践基地，开设自然探索、研学实践等与美育相关的公益课堂，延伸学校美育空间。通过"做中学、学中做"的思路，利用乡村自然和人文资源，引导学生动手动脑、亲自实践，开阔学生的视野，丰富学生的课外生活，激发学生的创新意识和创造能力。

### 6.2.2 社会美育新生态

社会美育是面向全社会成员普遍实施的审美教育活动。乡村社会美育是丰富村民精神文化生活，提升村民道德情操的有效途径。乡村社会美育的具体目标是：①培养村民的审美态度，认识到自然生态、村庄聚落、农耕劳动、乡土文化本身不可替代的美学价值；②提升村民的审美能力，全面提高村民文化素养，发挥村民的审美想象力和创造力，鼓励村民参与乡土艺术创作；③引导村民的审美趣味，培养村民形成积极健康，具有新时代特色和江南乡土文化气息的审美标准和审美理想。

一

编纂乡村美育教材

面向全社会征集以无锡乡村美学为主题的教材编纂方案，成立由专家、学校、乡村文化传承人等多元参与的评审和共创工作小组。将现代美学教育方法和教学标准与无锡乡村美学资源相结合，编纂一批具有示范性作用的乡村特色美育教材。教材应针对无锡学校美育和乡村社会美育的不同特点，以乡村生活、风景、物产、习俗等为主要内容，对培育无锡乡村美育生态起到切实有效的引导作用。

二

持续开展"艺术乡村"系列公教活动

积极整合社会资源，邀请国内外知名艺术家、文化学者、文化传承人以讲座、工坊等形式，依托乡村资源，面向全体村民开展公益课程，让村民意识到民间文化、民间美术的价值。

## 三

### 打造一批低碳生态传统工艺创作基地

加强梳理挖掘本地民间艺术和非遗传承人，开设乡村手工艺技能培训班，传承发扬传统技艺，尤其注重低碳生态传统工艺的创新发展，建设一批低碳生态传统工艺创作基地，扩大无锡在传统工艺领域的影响力。

## 四

### 打造一批自然教育示范项目

充分利用无锡乡村山清水秀、物种丰富的自然资源条件，发挥与城市距离适中的区位优势，联合学校及社会机构共同建设高质量自然教育基地。乡村自然教育应突出实践性和体验性的特色：在项目形式方面应以户外体验、家庭农场等农事体验为主；教育内容方面侧重自然认识、自然艺术、自然游戏、四季农耕、户外生存、自然建造等内容，在实践中提升学习者认识自然、亲近自然、热爱自然的意识。

## 五

### 打造一批乡村艺术馆、文化馆

加强乡村艺术、美术、手工艺品的展览展示，重视非物质文化遗产和乡土技艺的挖掘、保护与传承。积极招募乡村讲解员、乡村导览员，加强村民对本村历史、文化、自然等美学资源的认识，让艺术馆、文化馆成为村民精神文化的"栖息地"，成为文化体验、文化旅游的"目的地"。

# 六
## 打造一批农业文化展示馆

挖掘保护无锡乡村农业文化遗产，传承"鱼米之乡"尊农、重农、爱农的优良传统。加强农业文化遗产展示，将历史悠久的农业生产技术全面地记录下来、传承下去。有条件的地区可以采用兴办农具博物馆、农业文化展览馆等方式，弘扬乡村农业文化底蕴。

# 七
## 组织乡村主题竞赛、展览等活动，打造无锡乡村美誉度

邀请国内外知名设计机构，举办无锡乡村美学设计国际竞赛，扩大无锡乡村美学的影响力和美誉度，树立乡村美学设计与建设新标杆。

## 6.3 综合运用媒体传播优势

充分利用多种媒介宣传无锡乡村美学。宣传工作中注意结合不同媒介的特点，多维度、系统性地拓展无锡乡村美学的社会影响力。

### 6.3.1 融媒体强化宣传监督

将无锡乡村美学纳入公益性宣传范围，充分借助广播电视、报刊杂志等传统媒体以及新媒体平台，加大乡村美学相关理念、政策文件、标准规范的宣讲以及工作成效、典型范例的宣传，积极打造可复制、可推广、可示范的"无锡乡村美学经验"。借助12345、群众信访等各种信息化手段，广泛接受社会监督，及时回应社会关切。利用"融媒体"开设"云端美育课"等公益项目，引导优质社会教育资源向农村流动。

### 6.3.2 新媒介凸显个人叙事

提倡村民以乡村田园生活为主要内容进行艺术创作和自媒体作品创作。在乡村美育、文化项目的辅助下，鼓励村民通过互联网、自媒体的方式传播农村生活之美，以青山绿水、土地荷田、竹林木屋、土灶大锅、鸟禽牲畜等乡村意象为创作内容，向大众传递简单质朴的田园生活理念。注意对农民创作内容的积极引导，避免低俗、浮夸、猎奇、过度娱乐化等现象。组建基层文化志愿服务队伍，培育一批真正懂乡村、爱乡村、为乡村代言的农民创作者，从个人叙事的角度传播无锡乡村的魅力和活力。

# 第七章 长效治理

乡村建设中的长效治理机制是以基层党组织为核心，协调政府、村民与社会各项资源之间的关系，以共建、共治、共享为基本原则，坚持农民主体地位，围绕农民意愿和需求组织各方资源，有序展开各项工作的制度保障。

吾乡将康养立田园外韵茶系
心自远信步游山神尔闲复归
桃花源

乡村建设中的长效治理机制是以基层党组织为核心，协调政府、村民与社会各项资源之间的关系，以共建、共治、共享为基本原则，坚持农民主体地位，围绕农民意愿和需求组织各方资源，有序展开各项工作的制度保障。

无锡实施乡村美学建设的过程中应形成协商共治的基层治理体系，鼓励各村根据自身实际情况探索"决策共谋、发展共建、建设共管、效果共评、成果共享"的具体路径，保证乡村美学建设科学有序可持续地推进。

## 7.1 加强各方统筹协作

乡村美学以自然生态为底，以乡村聚落塑形，以美学经济驱动，以乡村美育铸魂，因此在规划建设过程中需要无锡农业农村、自然资源、生态环境、住房城乡建设等职能部门的协同合作，在市（县）区级或镇级层面跨部门组建规划编制、风貌管理、环境整治、涉农资金整合、乡村旅游、特色生态产业、农村综合改革等专项工作组，明确职责、统筹推进乡村建设工作。在基层工作中要充分发挥党员的带头示范作用、乡贤的引领促进作用、村民的参与主体作用、真正了解村民需求，有效落实乡村建设工作。

### 7.1.1 科学规划、多方联合、协同工作

乡村建设规划先行、科学引领。根据自身特色找准定位，聘请高水平专家或专业团队进行整体科学规划。通过入户走访、实地踏勘、问卷调查、乡贤座谈、驻村体验和开设工作坊等方式，全面了解村庄基本情况、主要问题、村民意见等，结合实际情况对各村合理规划、系统设计。围绕乡村规划构建跨领域的专业联合团队，协同工作、对口合作。

### 7.1.2 党员带头、乡贤促进、村民主体

充分发挥党员的带头作用、乡贤的促进作用、村民的主体作用。各行政村建立健全党群联系工作制度，党员、乡贤与群众家庭组成联动关系，充分听取群众意见，帮助群众解决实际困难。

## 7.2 保证村民共建共管

乡村建设需要发挥村民的主体作用，让村民充分参与其中。为保障村民有序参与乡村美学建设工作，真正激发村民的主动性和创造力，需要完善村民组织结构，推动村民主动参与、共建共管。

### 7.2.1 完善村民组织结构

以村党支部和村委会作为决策机构，完善村庄事务的村民议事平台，将每一位村民都纳入乡村基层治理中，让村民根据自己的意愿充分参与村庄建设和管护的各项工作，为村庄美好环境的发展建言献策。

### 7.2.2 鼓励村民主动参与

鼓励村民主动参与乡村共建共管，避免出现村民"不知情、不关心"的情况，充分调动村民在乡村事务中的积极性和主动性。

问题导向，形成共识。鼓励村民主动发现村庄美学建设中的各项问题，以问题为导向收集村民意见，并依托村民议事平台对村民建议进行充分讨论。组织村民参与培训、参观、考察等学习活动，鼓励村民发掘自己村庄在生态、建筑、文化等方面的特色资源，对村庄的未来发展形成基本共识。

以工代赈，物质支持。找到村民能够参与的切入点，比如房前屋后的环境清理、村庄绿化或建筑施工等，鼓励村民出力出工，根据村民工作量支付村民报酬。委托村民就近清洁维护，奖励村民主动提升优化，以奖励代替补贴，使村民观念由"要我做"转变为"我要做"，实现村民共建。

认捐认管，门前三包。形成对村庄的长效共管机制。鼓励村民、企事业单位或社会团体等"认捐认管"村庄公共设施、公共绿化、公共空间、公共活动或公共事务的可持续发展，提倡党员在公共区域监督维护中发挥带头作用。以家庭为单位开展门前"三包"活动，通过评比、监督、奖励等方式激励村民做好房前屋后的卫生、绿化、维护工作。

效果共评，成果共享。根据村民兴趣组织各类评选活动，如房前屋后卫生评比、美化评比、各类文娱活动评比等，邀请党员代表、村民代表、社会组织或企业代表等组成评审团，评选村民最满意、符合村庄发展的优秀项目并颁发奖励，激发村民参与村庄共建共管的积极性。各村根据自身情况编写保证村民平等共享各类村庄资源的村规民约，推动形成文明友好秩序的村庄氛围。

## 7.3 有序引导社会资源

有序引导社会资金、技术、人才等资源流向农业农村。建立农业农村部门牵头抓总、相关部门协同配合、社会力量积极支持、农民群众广泛参与的推进机制。

### 7.3.1 促进社会工商资本投资农业农村

深入推进"放管服"改革，进一步深化"不见面审批（服务）"改革，为社会工商资本投农营造便利条件。各级财政更多采取以奖代补、先建后补、担保补助、设立基金等方式，引导社会工商资本投向农业农村。鼓励工商资本投资农民参与度高、受益面广、适合产业化经营的领域，构建农民与工商资本的利益共同体。加大农村基础设施和公用事业领域开放力度，充分发挥市场在资源配置中的决定性作用，鼓励各类市场主体通过公开竞争性方式参与农业项目开发，营造规范有序的市场环境。鼓励运用政府和社会工商资本合作模式依法合规开展农业农村领域基础设施和公共服务项目建设运营。积极引导国有企业参与乡村产业项目和农村基础设施建设。

### 7.3.2 吸引培育各类人才在农村创新创业

贯彻落实"太湖人才计划"，吸引支持各类人才来锡投入乡村振兴事业。支持鼓励具有乡土情怀的企业家、乡贤返乡创业、带动就业，对回乡创业项目加大政策支持；对于在农村工作创业的教师、医生、技术员等专业技术人才设立优才评审评价机制、职称评审制度；对于优秀年轻大学生、优秀技术人才、优秀乡土人才等提供良好的创业环境和发展空间，支持人才来锡落户，逐步建立相关配套制度；培养各类新型农业经营主体人才、农村产业发展人才、农业科技创新人才、农业企业管理人才、技艺技能型人才，以及具有绝技绝活的能工巧匠和民间艺人，帮助青年艺术家、创意人才等设立创新孵化工坊，鼓励结合乡村产业特点开展创作，推动文化创意产品的开发及成果转化。

### 7.3.3 构建乡村"产学研"合作平台

支持科研院校对无锡乡村自然生态资源、产业发展现状、历史文化资源等方面进行研究，开展地方特色资源收集、鉴定和创制，将资源优势转化为产业优势。与高校研究机构、企事业单位建立长期有效的产学研合作机制与合作平台，培育农业农村龙头企业，促进乡村产业发展。

# 结语

## 此心安处
## 是"吴"乡

构建凝聚多产业、多层次、多人群的乡村美学共同体

—————

《无锡市乡村建设美学导则》（以下简称《导则》）是乡村建设领域的一项实验性、示范性工作，是无锡城乡融合发展取得一定成效后的深化改革和探索。《导则》创新性地提出"乡村美学"概念，以"美"为线索统筹考虑乡村规划设计、经济发展和精神文明建设，以"美"为核心强调人在乡村中的主观感受，避免乡村建设实践中出现碎片化、重物轻人、主体模糊等问题。《导则》希望基于无锡乡村的沃土真正建立一套当代乡村美学生态系统：通过归纳乡村美学意象描摹发展蓝图，通过梳理资源禀赋明确乡村发展基础，以生态美学打底、以聚落美学为载体，为美丽乡村"塑形"；以美学经济作为乡村产业发展的新动力，为美丽乡村"赋能"；以乡村美育作为乡风文明的新抓手，为美丽乡村"铸魂"，《导则》希望塑造形魂兼美、可持续发展的美丽锡乡。

本《导则》认为，乡村美学生态的建立是进一步缓解城乡二元矛盾的有效切入点。从无锡乡村本身的发展基础来看，城镇分布密集，交通网络发达，村庄与城市往来便利，融合程度高。无锡城乡居民收入差距为苏南地区最小，低于全国和全省平均水平。在优越的经济基础之上，缩小城乡文化差距，突出乡村文化特色成为当前乡村振兴工作的重要任务之一。

从国家政策来看，"国内国际双循环"是党中央推动我国开放型经济向更高层次发展的重大战略部署，乡村将在"双循环"新格局中紧密与城市的联系，要素资源双向流动更快，以城带乡、城乡互补、协调发展、共同繁荣的新局面已经到来。在此发展机遇中，无锡乡村希望以美为特色将自身打造成与城市文明并肩而立、美美与共的文化主体。以美为名片，吸引社会资源和各类人才流向农业农村，无锡乡村的居民将不仅限于农民，而是农民、城市移民、外来游客和创业者共同居住的社区。

《导则》学习借鉴习近平总书记针对生态文明建设提出的"山水林田湖草是生命共同体"的"整体观"思路，提出构建乡村美学共同体的美好愿景，促进乡村生态、生活、生产因美而兴、向美而行。乡村美学共同体因为认同乡村的独特魅力和发展潜力而聚集到一起，由该共同体建设的村庄应该呈现如下特点：

宜居的乡村：青山绿水、欣欣向荣，拥有便利且高品质公共服务设施的乡村社区；
宜业的乡村：百业兴旺，拥有多样化的就业机会和良好的创新创业环境；
活力的乡村：村民形成文化自觉和文化自豪感，思想活跃，积极为乡村发声；
共享的乡村：当地居民的生活地，外来游客的目的地，创业者的梦想地。

乡村美学共同体的建立让不同主体在乡村中获得归属感、认同感、幸福感。此心安处是"吴"乡，本《导则》希望美丽锡乡成为所有心向田园的人安家立业、安闲自在、魂牵梦萦的美好家园。